薄弱电网下长大输水发电系统水力学及调控技术

中国电建集团华东勘测设计研究院有限公司
郑鹏翔　刘晓宇　李高会　高悦　吕慷　朱红波　著

中国水利水电出版社
www.waterpub.com.cn
·北京·

内 容 提 要

本书是从薄弱电网下长大输水发电系统水力学及调控技术的理论认识到研究过程再到实践检验成果的总结。本书主要讨论薄弱电网下长大输水发电系统水力学及调控技术，包括薄弱电网大型水电站运行稳定性以及调度分析技术、输水发电系统整体水力学、尾水调压室水力特性以及真机甩负荷试验和数值仿真软件的对比。与一般描述水电站的相关著作相比，本书更侧重工程应用中实际问题的解决过程与方法的阐述。

本书可供从事水利水电工程相关专业的科研及设计人员借鉴参考，也可供高等院校水利水电工程相关专业师生学习使用。

图书在版编目（CIP）数据

薄弱电网下长大输水发电系统水力学及调控技术 / 郑鹏翔等著. -- 北京 : 中国水利水电出版社, 2025. 4.
ISBN 978-7-5226-3155-4

Ⅰ. TV737

中国国家版本馆CIP数据核字第20259C60M8号

书　　名	**薄弱电网下长大输水发电系统水力学及调控技术** BORUO DIANWANG XIA CHANG－DA SHUSHUI FADIAN XITONG SHUILIXUE JI TIAOKONG JISHU
作　　者	中国电建集团华东勘测设计研究院有限公司 郑鹏翔　刘晓宇　李高会　高　悦　吕　慷　朱红波　著
出版发行	中国水利水电出版社 （北京市海淀区玉渊潭南路1号D座　100038） 网址：www.waterpub.com.cn E－mail：sales@mwr.gov.cn 电话：（010）68545888（营销中心）
经　　售	北京科水图书销售有限公司 电话：（010）68545874、63202643 全国各地新华书店和相关出版物销售网点
排　　版	中国水利水电出版社微机排版中心
印　　刷	北京中献拓方科技发展有限公司
规　　格	184mm×260mm　16开本　9.5印张　208千字
版　　次	2025年4月第1版　2025年4月第1次印刷
定　　价	**58.00**元

前 言

FOREWORD

在全球能源转型与可持续发展的背景下，水力发电作为一种重要的清洁能源，受到了越来越多的关注。尤其是在薄弱电网环境下，如何有效利用水资源，实现水力发电的高效运行，成为一个亟须解决的重要课题。随着经济的快速发展，许多地区尤其是在电网基础设施尚不完善的地区，面临着电力供应不足的挑战，薄弱电网的存在使得传统的电力调度方式难以应对瞬息万变的负荷需求。依靠水力发电系统的灵活性和可调节性将为解决这一问题提供新的思路。长大输水发电系统通过有效的水资源管理和先进的调控技术，不仅能够提高发电效率，还能在一定程度上缓解电网负荷波动带来的影响。本书探讨了薄弱电网下长大输水发电系统的水力学特性及其调控技术，以期为该领域的发展提供理论支持与实践指导。

水力学的基本方法和理论起着至关重要的作用。水流的动力学特性与仿真方法、能量转换过程的优化以及流体控制策略的设计，将直接影响到整个发电系统的性能表现。长大输水发电系统的设计和运行需要综合考虑水资源的可持续利用，以及不同环境条件下的动态响应能力，同时结合现代控制技术与信息化手段，为水力发电系统的调控带来了新的机遇。这种智能化的调控方式，能够实现对水力发电的精确管理，优化发电调度，提升整体运行效率。

本书从水力学的基本理论入手，深入分析长大输水发电系统在薄弱电网中的应用，是从理论认识到研究过程再到实践检验成果的总结。与一般同类书籍相比，本书更侧重工程应用中实际问题的解决过程和方法的论述。本书共 6 章：第 1 章主要介绍依托工程的概况以及国内外水力过渡过程研究的差异性；第 2 章主要介绍水力学问题研究的基本方法和理论，包括计算流体力学（Computation Fluid Dynamics）仿真方法、一维瞬变流仿真理论以及 Hysim 软件；第 3 章主要介绍尾水调压室水力特性，包含水力设计、仿真模型与结果分析；第 4 章主要介绍输水发电系统整体水力学特性和过渡过程数值仿真；第 5 章主要介绍薄弱电网大型水电站运行稳定性及其调度分析技术，重点研究了不同情况下机组的特性和运行调度策略；第 6 章通过真机原位试验进行水力过渡过程计算得出有关结论。

本书在编写过程中得到了李新新、陈涛、刘西军、杨绍佳、张禹治、刘云轩以及黄鹤峰等科研、工程技术人员及相关单位的大力支持，同时参考了一些文献，特在此表示感谢！

限于作者水平，书中难免存在疏漏和不足之处，敬请读者指正。

作者

2024 年 12 月

目　录

CONTENTS

前言

1　概述 …… 1
　1.1　工程概况 …… 1
　1.2　枢纽布置 …… 1
　1.3　输水发电系统水力过渡过程 …… 1
　1.4　国内外水力过渡过程研究差异性说明 …… 3

2　水力学问题研究的基本方法和理论 …… 15
　2.1　计算流体动力学（CFD）仿真方法 …… 15
　2.2　一维瞬变流仿真理论 …… 23
　2.3　水力过渡过程仿真计算软件 …… 31

3　尾水调压室水力特性 …… 37
　3.1　概述 …… 37
　3.2　水力设计 …… 37
　3.3　尾水调压室稳定分析解析模型 …… 47
　3.4　理想孤网运行假定下的调压室稳定性的数值模型分析 …… 55
　3.5　尾调通气洞风速数值模型分析 …… 63
　3.6　正常出力甩负荷工况结果分析 …… 67

4　输水发电系统整体水力学 …… 77
　4.1　输水发电系统水力学特性 …… 77
　4.2　输水发电系统水力过渡过程数值仿真 …… 77

5　薄弱电网大型水电站运行稳定性及调度分析技术 …… 96
　5.1　薄弱电网范围以及现状 …… 96
　5.2　水轮机调速器控制模式简介 …… 97
　5.3　机组开机特性研究 …… 98

5.4 机组增减负荷扰动特性研究 …… 103
5.5 机组一次调频特性研究 …… 109
5.6 机组空载频率扰动特性研究 …… 113
5.7 以机组运行稳定为基础的薄弱电网大型水电站运行调度策略 …… 116
5.8 基于局部电网模型的机组运行调度策略分析 …… 118
5.9 机组增减负荷运行调度限制条件研究 …… 120

6 真机原位试验内容 …… 124
6.1 基本情况介绍 …… 124
6.2 水力过渡过程计算控制值确定 …… 125
6.3 水力过渡过程计算 …… 125
6.4 蜗壳压力、尾水管压力以及转速三者随时间的变化关系 …… 128
6.5 小结 …… 141

参考文献 …… 142

1 概 述

1.1 工程概况

某水电站位于乌干达境内西北部，是维多利亚尼罗河上规划开发的 7 个梯级电站中的第三级。电站距首都坎帕拉（Kampala）约 270km，距下游马辛迪-古鲁约 2.5km。尾水出水口位于国家公园，距上游大桥约 9km。工程区域地势平坦，河道纵坡大，有瀑布和急流。枢纽区呈高原地貌，略显波状起伏，采用地下管道引水发电，河道平均坡降为 0.8‰。

水电站总装机容量为 600MW，单机容量为 100MW，额定水头为 60m，采用首部开发方式，每台机组一条水道。主要建筑物包括拦河闸坝、引水系统、发电厂房、主变压室、尾水管和尾水调压室、长尾水隧洞以及尾水出口等。引水隧洞采用单机单洞布置，隧洞衬砌后直径为 7.7m，尾水支洞断面尺寸同引水隧洞，隧洞条数为 6 条，尾水调压室接尾水支洞，尾水调压室共 2 个，3 台机组共用 1 个尾水调压室，出调压室后为尾水隧洞，尾水隧洞共 2 条，长度约为 8.6km。拦河闸坝为混凝土重力坝，最大坝高约 14m。发电厂房布置在地下，靠近水库，以减少水锤效应。进水口采用岸塔式结构，每台机组一个进水口，靠近大坝布置。尾水调压室体积庞大，水平断面接近 $3000m^2$。

1.2 枢纽布置

该水电站有一个用来储存水源的大型水库，其位置选择在山谷或河流上方的地势较高处，以便于蓄水。为了防止水库溢满导致洪水灾害，该水电站设置有拦河闸坝，用来控制水位，将多余的水流释放出去，使其维持在一定的范围之内，同时还兼具防洪、蓄水、发电等作用。该水电站通过引水系统（包括引水渠道、隧洞和管道等）将水顺利地从水库引入到发电厂房。发电厂房位于大坝下游，包含多个发电机组，是该水电站的核心设施。水流通过引水系统引入发电机组，驱动涡轮机产生电力，将水能转化为电能，同时又要靠近水库来减少水锤效应。主变压室通常位于水库下方，接收来自引水系统的水流，其中水的动能被转化为旋转机械能，驱动水轮发电机产生电能。尾水调压室通过调节闸门的开合来控制尾水的流量和压力，以满足下游的需要。尾水管一般沿着山体或地下路线布置，将尾水从发电厂输送至尾水洞或下泄渠道。尾水洞通常位于水电站下游，通过闸门或泄洪孔来控制尾水的排放量。

1.3 输水发电系统水力过渡过程

水电站是由水力系统、电力系统和机械系统构成的复杂系统，为了适应电网的运行需求，水轮机要进行启动、调整出力或关闭。特别是当电网出现事故时，要求水轮机系统能够快速、正确地反应和调节。水轮机系统工况的改变和调整极易引起流经机组的水流量、流速发生改变，传递到水电站输水发电系统中引发水力过渡过程。在水力过渡过程发生时，系统的水力要素和机组运行参数可能比常规工况下变化大得多。如果不考虑这种可能出现的情况，并不加以控制，这种瞬时大幅突增的水压或急剧变化的机组转速，都将可能导致压力管道破裂、调压系统毁损或机组部件破坏等事故。因此，水电站设计任务中，需按各种可能工况下引起的水力过渡过程对系统进行分析，选择合理的系统布置和系统参数。如果瞬变过程中系统处于不稳定状态（如最大或最小压力不在规定范围内），则系统的布置或参数需重新设计调整，直到达到设计要求为止。故而水电站系统的稳定运行是建立在准确的水力过渡过程研究计算上的。

历史上不乏水力过渡过程事故。美国仅1965—1981年间就有76起水电站水击引发的事故；日本静冈县中部电力公司核电站在2004年，由于机组紧急反应发生水击现象，致使管线破裂当场造成4人死亡。一个科学准确的水力过渡过程的计算成果，不仅对保证水电站安全稳定运行有重要作用，也是电站设计中科学、经济且有效确立调压系统和水轮机型号的重要依据。最早的水力过渡过程研究始于欧洲，20世纪70年代，Tagland等在水轮机和水泵水轮机特性方面取得重要进展，根据机组基本参数算出机组特性，直接用于水力机械过渡过程的计算。20世纪80年代受到学术与工程界的重视，此后十几年先后推出水力阻抗法、传递矩阵法和结构矩阵法等著名算法。加拿大Chaudhry所著《实用水力过渡过程》一书，详细介绍了水力过渡过程在欧美的发展。1985年，我国陈家远等学者翻译出版了Chaudhry这一著作；1988年刘竹溪等合著《泵站水锤及其防护》，有力地推动了我国泵系统水力过渡过程的研究；杨开林在2000年出版了《电站与泵站中的水力瞬变及调节》，系统地论述了电站系统中水力瞬变过程，同时还研究了水轮机调节系统的瞬变过程、稳定性及调速器参数等问题；2008年郑源、张健主编的《水力机组过渡过程》介绍了水力过渡过程的基本理论和计算方法，对水轮机组、水泵机组和抽水蓄能电站机组的水力过渡过程进行了详细分析介绍。输水发电系统中，以有压管道的水力过渡过程计算最为重要。解析法用在边界条件简单的情况下，可以直接以公式的形式给出结果，但应用范围有限；图解法的基本原理是利用阿列维联锁方程式进行逐段计算，有明晰的物理图像便于验证，但对复杂管道和水击波反复传播多次的情况，此法过程烦琐且精度难以保证。随着电子计算机的普及和计算方法的发展，便于计算的特征线法和其他数值计算方法得到了推广。特征线法将考虑管道摩阻的水锤偏微分方程沿其特征线变换成常微分方程，再差分离散进行计算，此法理论基础严谨，具有计算精度高、稳定性好和易于编程等优点。

该电站共两个水力单元，两个水力单元引水系统基本相同，其中1号水力单元尾水系统稍长，因此选取输水系统第一个水力单元（即1号、2号、3号引水隧洞，1号、2号、3号机组，以及1号尾水隧洞组成的水力系统）进行水力学过渡过程分析。

1.4 国内外水力过渡过程研究差异性说明

1.4.1 国内外相关设计规范

国内关于调节保证设计主要遵循的规范有：①《水电站调压室设计规范》（NB/T 35021—2014）；②《水工建筑物荷载设计规范》（DL 5077—1997）；③《水力发电厂机电设计规范》（NB/T 10878—2021）。其中规范①一般用于调节保证计算工况的选定；规范②可以选取水锤压力计算方法及系数；规范③中可以得到调节保证水锤压力及转速升高等参数的控制指标。

欧美关于调节保证设计主要遵循的规范及书籍有：①美国陆军工程师兵团《水力发电厂建筑物规划设计（Planning and Design of Hydroelectric Power Plant Structures)》（EM 1110－2－3001)。②美国陆军工程师兵团《水电站水力机械设计规范（Hydroelectric power plants mechanical design）》（EM 1110－2－4205)；③美国土木工程师学会《水电工程规划设计土木工程导则（Civil Engineering Guidelines for Planning and Designing Hydroelectric Developments)》；④美国土木工程师学会《建筑物和其他结构最小设计荷载（Minimum Design Loads For Buildings And Other Structures)》（ASCE/SEI 7－10)；⑤《水电开发（Water Power Development)》，匈牙利水力发电专家 Emil Mosonyi 著作；⑥《水力发电手册（Hydroelectric Handbook)》，美国垦务局工程师 William. P. Creager 著作。其中：在规范②中可以找到调节保证参数的国外控制指标；在规范①、规范③以及著作⑤和⑥中可以查找关于调节保证设计的概念、假定和工况方面的规定，其中著作⑥对于水锤压力的计算过程还有较为详细的介绍；在规范④中可以查找关于水锤压力的荷载系数等内容。

1.4.2 调节保证相关基本规定的异同

1.4.2.1 调节保证计算的基本定义

中国一般在教科书中才有关于调节保证（或过渡过程）的定义，而《水电工程规划设计土木工程导则》（美国土木工程师学会）中指出，“过渡过程分析是关于进行由流速变化引起的流量和压力的计算，这是一个总的提法，包括了流速的改变对水轮机、阀门和泵运行的各种影响；通常水力系统以某一个不变流量运行（即稳定流状态），并且经历过一个引起流量改变的运行条件。从初始的恒定流状态到最终的恒定流状态这段时间称作过渡过程。

可以看出，对于调节保证计算的原理中国和外国是相通的。

1.4.2.2 调节保证计算在调压室规范中的使用规定

1. 国内规定

中国行业标准《水电站调压室设计规范》（NB/T 35021—2014）对于过渡过程计算的相关规定有以下方面：

（1）3.1.1 条规定，调压室的设置应在水力过渡过程计算、电站运行稳定性及调节品质分析的基础上，考虑水电站在电力系统中的作用、地形、地质、压力水道布置等因素，进行技术经济比较后确定。

（2）3.1.2 条规定，按图表方法判断处于设置调压室临界状态的水电站，应采用数值法进行水力过渡过程计算，进一步论证是否设置调压室。

（3）5.2.1 条规定，调压室涌波计算在前期阶段可选择解析法或积分法，从可行性研究设计阶段开始应采用数值法计算，施工详图设计阶段进行复核计算。

（4）5.3.1 条规定，在初步确定调压室断面尺寸之后，根据水力过渡过程分析结果，必要时可调整水道布置或修改调压室尺寸。

（5）7.0.4 条规定，气垫式调压室布置及尺寸基本选定后，涌波和气体压力极值应进一步通过水力过渡过程计算确定。

2. 国外规定

国外标准的主要相关规定有以下方面：

（1）美国土木工程师学会《水电工程规划设计土木工程导则》的第 2 卷：水道篇 B 部分第 6 章有：

1）大型水电站工程就意味着要拥有大量的投资，并且在电网系统中所起的作用也很重要。通常有必要对这类电站的过渡过程问题进行广泛的研究。过渡过程分析的作用在于确定是否需要设置调压室、水道的布置形式、高压管道的直径、高压管道管壁厚度、水轮机或阀门的可行的运行方式。

2）若水电站系统中具有长的引水管路，且要求有良好的机械响应时，在初步设计研究阶段中甚至在早期的勘测研究就应对压力波动问题给予重视，初期的布置与分析可以借助于经验、已有的图表、图解分析法和代数公式来解决。在设计阶段，对复杂的水流系统，控制运行方式及优化设计都是很重要的，因此有必要采用计算机求解以加快计算速度，同时必须考虑到研究分析的深度不能超过输入数据的可靠性。

3）过渡过程的求解计算需要用到调压室的几何形状，任一种几何形状的调压室必须能提供良好的运行条件。结构设计依赖于水力学方面的因素，而水力学工程技术人员应对结构和施工方面的制约条件有所了解。

4）针对初步设计的目的，可以提供一个具有适当精度的修正图表供使用，而最终采用的布置方式应通过完整的分析来检验，计算机求解方式很容易处理高压管道、隧洞和调压室联合作用的情况。

5）调压室水力系统的计算分析可以按图 1.4.1 分开处理。在工程规划和现场勘探的初期阶段这种方法是可行的，由导则给出的简单分析得出的结果具有足够的精度。调压室图表可用于水库与调压室之间的系统，而在水轮机与调压室之间则要进行水锤计算。系统各部分之间波的传递问题可以忽略不计。

（2）美国土木工程师学会《水电工程规划设计土木工程导则》的第 5 卷：抽水蓄能和潮汐能篇 B 部分第 4 章有：

1）对于抽水蓄能电站对负荷变化反应快速，提高电网的运行能力可带来巨大的效益，这类电站中的过渡过程问题通常也需要进行广泛研究。

2）抽水蓄能电站通常是采用地下厂房的布置形式，这样尾水管中的过渡过程问题

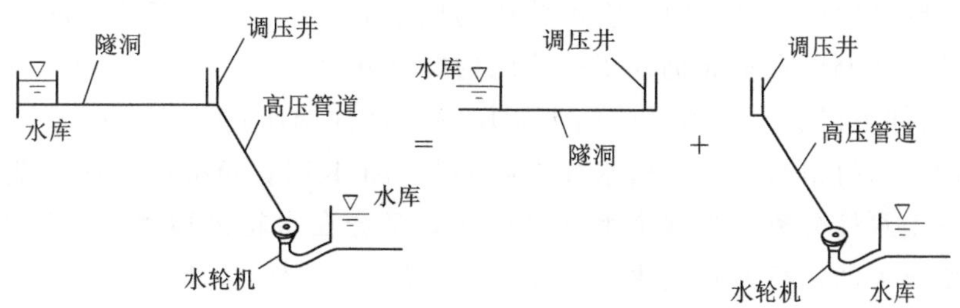

图 1.4.1　水电站分析简图

就不可忽视，在设计初期就应考虑。

综上所述，中外标准认为不管是对于调压室设置判别方法，还是对于调压室涌波计算，其大原则是一致的，即在初期阶段可用图表或解析的方法进行初步分析，而确定最终布置时应采用完整的计算机求解方式，即过渡过程数值计算分析；美国标准强调了具有长引水管路的水电站以及抽蓄电站中研究调节保证设计的重要性，这与中国规范的思路是一致的；略有区别的是，中国规范将气垫式调压室列为调压室基本类型之一，在初期阶段拟定其关键参数时就规定应引入过渡过程数值计算，而美国规范中仅简单提及气垫式调压室，没有此方面的规定。

1.4.2.3　调节保证计算涌波计算工况的相关规定

1. 国内规定

我国《水电站调压室设计规范》（NB/T 35021—2014）在第 5.2 章专门对不同类型电站（常规电站、抽蓄电站）、不同类型调压室（主要分上游调压室、下游调压室）采用不同的设计理念（设计工况、校核工况）且规定了过渡过程涌波计算工况。

2. 国外规定

国外标准对涌波计算主要相关规定有以下方面：

（1）美国陆军工程师兵团《水力发电厂建筑物规划设计》（EM 1110－2－3001）4～16 节：压力管道应该按照全压力设计，由于引水池的操作范围为最大高度引起的净水头加上水锤压力，应考虑设计工况包括最大静水压力、最小静水压力和水轮机额定静水压力，以及由于正常操作、甩负荷和增负荷引起的水锤压力。增负荷工况包括最小静水头和水轮机从空载至以最大导叶开度率使导叶全开。

（2）美国土木工程师学会《水电工程规划设计土木工程导则》的第 2 卷：水道篇 B 部分第 6 章有：

1）调压室上涌浪计算的边界条件是取最高库水位，而下涌浪计算的边界条件是取最低水位。

2）当机组从流量最大时的满负荷运行工况在瞬间导叶全部关闭，这将在调压室中引起最大的水面波动。部分关机将降低调压室的涌波。了解部分关机与全关机之间的差别以及调压室涌波的衰减过程是很有用的。部分增荷也能起到降低涌浪幅值的作用。

3）关于涌波叠加。应该对调压室现有的涌波顶部引起第二个涌波的可能性进行论证。这个问题大多数是发生在电力事故后，调压室波动尚未衰减时又进行并网开机引起的。另一原因则是发生在具有很长引水管道的机组上，运行操作者希望能尽快地让机组并网运行，甚至在调压室水面仍处于振荡的情况下开机。

4）地貌条件可以决定必须采用尾水调压室。这种调压室在地下厂房的布置方式中很有借鉴作用。当机组与下游自由水面之间的距离很长时，负荷的快速改变会引起水轮机转轮下部发生水柱分离。当这个水柱返回时，又会在水轮机顶盖处产生很高的压力，因此导叶板所要求的运行方式就决定了尾水洞的尺寸，同时也决定了是否要设置尾水调压室。

（3）美国土木工程师学会《水电工程规划设计土木工程导则》的第5卷：抽水蓄能和潮汐能篇B部分第4章：

1）关于抽水蓄能电站过渡过程分析的内容：

a. 计算方法与常规水电站和泵站的过程计算方法相似。

b. 水泵工况会影响整个过渡过程分析，特别是当机组处于水泵工况下运行时，由于断电引起的过渡过程。

c. 通过过渡过程分析确定出由发电工况到水泵工况的转换时间。

d. 调压室的涌浪计算必须考虑水泵过渡过程、水泵启动和断电停泵等条件，对发电工况也要做相应的调压室涌浪计算。调压室中水面波动的时间也是一个很重要的因素。

2）对于抽水工况，其最不利条件是断电停泵，这时将产生最恶劣的过渡过程现象，必须加以分析研究。水体在水泵处发生倒流，最典型的是假设水泵导叶拒动。

3）抽水蓄能电站运行方式不同于常规水电站，目前的工作已证明抽水蓄能电站在电网中具有灵活的运行方式是经济的。电站的设计要有利于电网的运行要求、完成调峰、负荷调整任务和改善火电站的运行条件。为此多付出一些代价也是合理的。

（4）美国垦务局工程师 William P. Creager 著作《水力发电手册》第35章：人们习惯性地设计调压室来消减水轮机处产生的水锤压力，就好比在输电线路上出现短路现象后可能发生的事情。调压室增负荷的选择应当根据厂房中水轮机数量、电网品质以及其他因素综合确定。对于那些不止一个水力单元、供应超大系统的厂房来说，经常假定从3/4全负荷增加到满负荷。

（5）匈牙利专家 Emil Mosonyi 著作《水电开发》第85章：

1）在瞬时关闭全部机组后的第二涌浪，可能产生最低下涌浪，可按下列近似公式计算：$Y_2 \approx Y_{max} - 2y_0$。

2）最不利的影响可能发生机组全部甩负荷（关机）并马上把机组增至满负荷（开机）的情况。类似的运行情况经常发生在抽水蓄能电站中，但是常规电站也有快速满负荷变化的情况发生。为避免涌浪的双重叠加超出允许范围，两次反向操作中的时间间隔应当被合适地选取。然而，这样的限制可能不符合电网负荷的要求。在一些情况下，正确调控关机和开机的顺序不是由电网调度员决定的。在电网需求和限制涌浪叠加之间需要达成一个妥协。

3）瞬间关闭机组和瞬间开启机组的振荡曲线图如图1.4.2和图1.4.3所示。

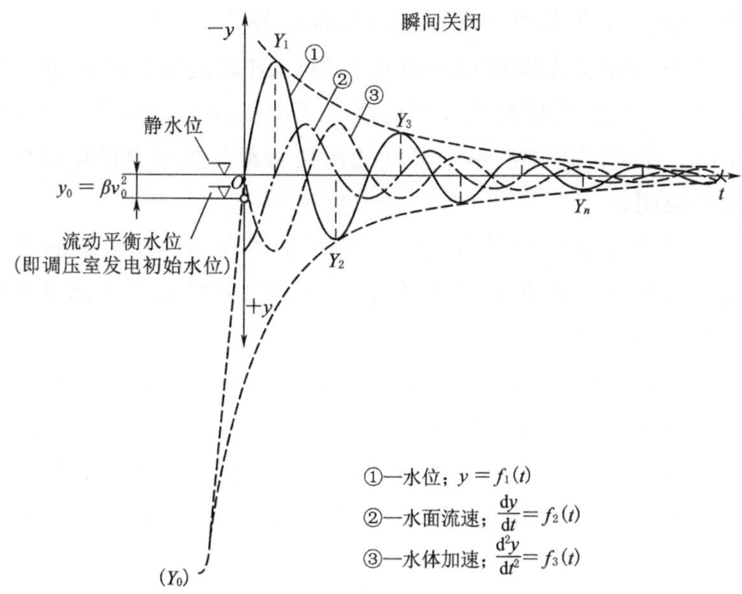

图 1.4.2 瞬间关闭机组时各振荡曲线图

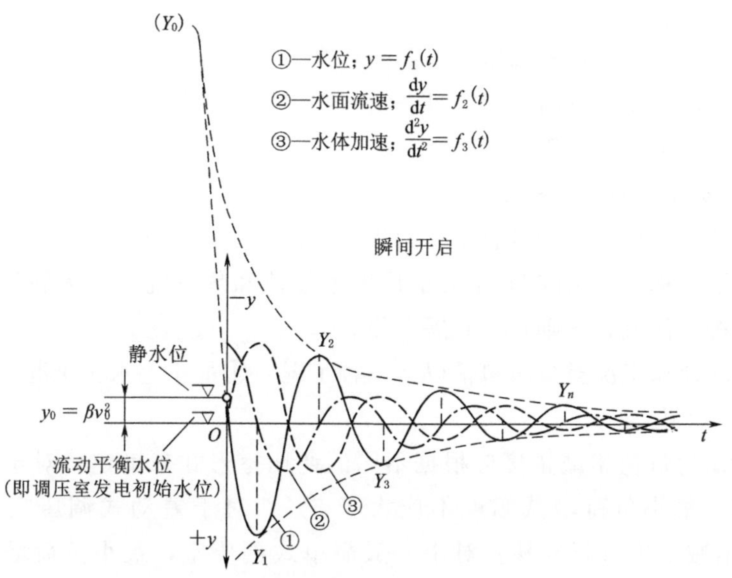

图 1.4.3 瞬间开启机组时各振荡曲线图

关于调压室涌波计算工况中外标准的主要异同分析如下：

1）关于调压室涌波计算的内容，外国标准一般只涉及上游常规调压室。

2）关于涌波计算工况，中国调压室规范区分设计工况和校核工况辅以条文说明进行了全面而详细的定义，并在后面条文中分别配以不同的安全超高来设计调压室顶高程；外国标准均仅仅定义了工况发生的原则，且从其内容来看，应该只对应中国规范里的校核工况。

3）就各外国标准对涌波计算工况描述的特点区分：

a. 美国土木工程导则首先明确过渡过程计算的前提是取极限水位，然后描述了各种涌浪工况发生原则，包括造成涌波叠加的组合工况的原理，但均比较笼统，如对增负荷工况的具体幅度、组合工况中的单个事件的衔接特征、抽水蓄能电站极端抽水工况发生的具体特征均未说明。

b. 美国《水力发电手册》只对增负荷工况有具体说明，其采取的3/4机组全负荷增至满负荷，而中国规范取的是 $n-1$ 台增至 n 台满负荷发电或全部机组由2/3负荷增至满负荷（或最大引用流量）。

c.《水电开发》内容以介绍涌波工况的解析解为主，对于涌波的工况基本没有直观的说明，书中首先定义了全关、局关、全开、局开这四个实际运行操作中的基本动作，然后以图例解释了不同工况的调压室涌波变化过程；书中还对组合工况进行了简单定义，并阐述了其有时不可避免发生的原因，这些内容均与中国规范的思路是一致的。

d. 中国规范对抽水蓄能电站的涌波计算作出了比常规电站更严格的要求，《水电开发》中指出超常规的组合工况经常发生在抽蓄电站里，说明中外标准重视抽蓄电站涌波设计的思路是一致的。

综上所述，中外标准对于调压室不同涌波产生的原理是一致的，但关于涌波计算工况的选取，外国标准比较灵活，基本只介绍原则，可由设计者自由发挥；中国规范的条文则更加全面，便于参考使用。

1.4.2.4 小波动计算的相关规定

国内小波动稳定计算一般没有正式的规范可循，中国电建集团华东勘测设计研究院有限公司（以下简称“华东院”）主要根据国家规范和华东院自行编制的《水电站过渡过程计算与分析工作流程导则》来开展工作。

（1）小波动计算工况至少应包括以下三种工况：①最小毛水头工况；②长期运行工况；③空载稳定工况。

（2）小波动的负荷增减幅度应根据不同的调压室形式来确定：对于一般阻抗式和差动式调压室，最小负荷增减幅度不应大于5%，对于差动式调压室，建议还宜用2.5%的负荷增减幅度进行复核；对于一般简单式调压室，最小负荷增减幅度不应大于10%。

（3）小波动过渡过程调节品质应满足如下要求：①进入规定频率变化带宽（±0.4%额定频率）调节时间不超过 $24T_w$；②衰减度大于80%；③振荡次数不大于2次。

国外对于小波动尚未找到权威的规范，目前掌握的只有挪威Norconsult公司的相关标准，见表1.4.1。

由表1.4.1中可知，①最大转速偏差率＝最大相对转速偏差/相对阶跃负荷变化，②调节时间的定义：转速开始从稳定状态偏离至收敛进入以最终状态为中心、最大偏差±5%（系统无调压室为±2%）的带宽内时间点的总运行时间。

表 1.4.1　　挪威 Norconsult 公司关于小波动的相关标准

调节品质评级	评 价 条 件		调节品质评级	评 价 条 件	
极好	最大转速偏差率： 振荡次数： 调节时间：	<0.6 且 <1 且 <25s	一般	最大转速偏差率： 振荡次数： 调节时间：	<0.8 且 <3 且 <60s
好	最大转速偏差率： 振荡次数： 调节时间：	<0.7 且 <1.5 且 <40s	差	最大转速偏差率： 振荡次数： 调节时间：	>0.8 或者 >3 或者 >60s

1.4.2.5　涌波计算其他特殊规定

对于调压室涌波计算还有几个特殊规定，中外标准的异同分别阐述如下：

1. 关于涌波与水锤压力的叠加

中国《水电站调压室设计规范》（NB/T 35021—2014）第 5.2.1 条规定，调压室的涌波计算可不计压力管道水击的影响，但采用气垫式调压室时应与压力管道水击联合计算。

美国垦务局工程师 William P. Creager 著作《水力发电手册》第 35 章：由调压室涌浪产生的管道中附加压力可能和水锤压力同时发生，但这种情况不会经常发生，当在管道设计中确定最大附加压力时，最好考虑这两种情况的联合作用。

因此，关于调压室涌波计算与水锤压力的影响叠加，中国规范和美国《水力发电手册》均认为常规调压室的二者不同时发生一般可以不考虑，但对于应考虑这种联合作用的工况，美国标准建议在压力管道设计中予以考虑，而中国规范仅对气垫式调压室涌波计算作出要求。

2. 关于糙率系数的选择

中国《水电站调压室设计规范》（NB/T 35021—2014）第 5.2.2 条规定，对于上游调压室，计算最高（最低）涌波时，压力引水道的糙率应取可能的最小（最大）值。

美国土木工程师学会《水电工程规划设计土木工程导则》的第 2 卷：水道篇 B 部分第 6 章有：对长隧洞中的调压室振荡问题来说，摩擦阻力是很重要的。管壁的阻力可减少由于水轮机关机引起的升压波，并提高开机产生的降压波。通常在分析由导叶关闭引起的最高涌波时假定摩擦阻力系数取小值，而在分析开机工况时的最低涌波时取大值。若引水管道很长时，就应该考虑摩阻系数的影响。

匈牙利专家 Emil Mosonyi 著作《水电开发》第 85 章有：非常明显的是，摩阻和任何局部阻力常常随着关机减少上涌浪，随着开机抬高下涌浪。因此，隧洞中的摩阻和其他阻力需要仔细考虑。关机时求上涌浪应采用更低的摩阻系数计算，开机时求下涌浪采用更高的摩阻系数。

由此可见，关于上游调压室涌波计算中流道糙率的选取，中外标准完全一致。

3. 关于考虑丢弃全部负荷的必要性

中国《水电站调压室设计规范》（NB/T 35021—2014）第 5.2.4 条规定，经论证当同一水力单元不存在同时丢弃全部负荷的运行情况时，可按丢弃部分负荷进行涌波计算。

美国土木工程师学会《水电工程规划设计土木工程导则》的第2卷：水道篇B部分第6章有：可假设阀门关闭后在瞬间流量发生最大的变化，但在实际中并不是这样的，当水轮机导叶的关闭时间是占调压室振荡周期的一个有效的部分时，水流的变化能减少振荡的振幅。

美国垦务局工程师 William P. Creager 著作《水力发电手册》第35章有：机组可能突然甩全负荷，但这不太可能发生在一个正常运行工况下，尤其是当安装超过一台水轮机时。习惯上，人们会根据一般电网需要，来采取相对应的负荷变化。在一个庞大的系统中，负荷需求的突变并不重要，但是对于一个孤立的有大幅波动的负荷的电网中，负荷增长率可能是非常剧烈的。

由此可见，中外规范均表达了选取负荷变化的工况应根据实际情况确定，而不需要强行按照理论上不存在的情况保守分析。

4. 关于机组特性曲线的选取

美国土木工程师学会《水电工程规划设计土木工程导则》的第2卷：水道篇B部分第6章中规定，在分析阶段的初期，研究工作中可采用比转速基本相同的其他机组特性曲线来进行，模型试验的结果和实际的机组特性曲线可用在最终方案的设计计算中。

因此，美国标准中还提出了不同设计阶段对机组特性曲线的选取方法，虽然中国规范没有直接指出该条款，但这和国内工程目前通常的做法是一致的。

1.4.2.6 水锤压力的计算

设置调压室的目的之一是为减少长压力管道内的水锤压力，这是中外标准的共识。关于水锤压力，中国《水电站调压室设计规范》仅简单提及，《水工建筑物荷载设计规范》(DL 5077—1997) 中介绍了水锤压力的简化公式算法以及荷载系数取值。

美国土木工程师学会《水电工程规划设计土木工程导则》和美国垦务局工程师 William P. Creager 著作《水力发电手册》均对水锤压力有所规定，其中《水力发电手册》还介绍了水锤压力的三种简化算法：Allivevi 图表法、积分算法和图解法，本书此处不再详述，但拟对以下几个特色方面的内容进行阐述。

1. 关于水锤波波速计算

在过渡过程水锤分析与计算中，波速是一个重要参数，其大小与管壁材料、厚度、管径等有关。国内相关研究成果表明[7]，波速误差超过20%时，对所有类型的有压引水系统的最大正水锤压力的影响都很显著。国内荷载规范规定[1]，水锤波速一般在800～1200m/s 范围内，在缺乏资料的情况下近似取1000m/s。

美国《水力发电手册》指出，当导叶关闭时间与管道相长处于同一数量等级时，准确估计波速对于计算水锤压力升高值尤为重要。该书中列了一个波速计算公式，与我国教科书《水电站建筑物》中的公式完全一致。可见在基本公式层面，中外规定是相同的。

但美国土木工程师学会《水电工程规划设计土木工程导则》中进一步列出了波速及其与各影响因素［包含空气含量（见图1.4.4）、管壁材料、围岩岩性、管道体型］的关系对比曲线，主要 20 世纪 70—80 年代的研究成果，可用来更加便捷地逼近实际波速取值。

由此可见，波速值误差对水锤计算影响较大，调节保证计算中宜根据沿线各段衬砌类型尽量准确估算波速值。

2. 关于水锤计算误差取值

中国《水工建筑物荷载设计规范》(DL 5077—1997) 规定，由于水锤压力解析公式法对于反击式水轮机计算误差较大，宜乘以一个大于 1.0 的修正系数，该系数与反击式水轮机的比转速有关，需通过试验确定；当无试验数据时，对于冲击式、混流式和轴流式水轮机，该系数分别取 1.0、1.2 和 1.4。

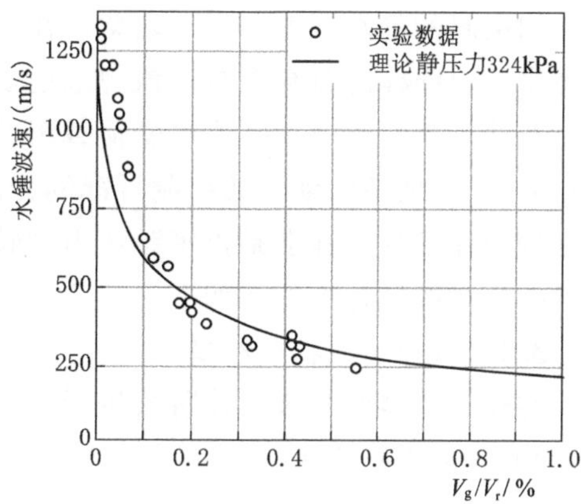

图 1.4.4　空气含量对水锤波速的影响 (Wylie，1978)

美国《水力发电手册》规定，如果水锤计算条件更加复杂，必须明确适当的计算误差，在三种简化算法算出的水锤压力变化值的基础上应乘以不同系数 1.0～1.1。

可见，中外标准对于误差取值的理念是一致的，不过误差均是因简单计算算法引起，实际上，目前的过渡过程对于水锤压力计算已经足够精确，通常不再需要考虑这个误差的影响。

3. 关于压力管道沿线水锤压力分布

美国土木工程师学会《水电工程规划设计土木工程导则》规定，实际求解压力管道各部位水锤压力时可采用等效管径的简化方法，这种情况下只要得出阀门处的压力，沿管道的压力变化用每个断面动量 (LV) 的比例关系来估算。

美国《水力发电手册》规定，如果压力水道是变直径的，可假定水轮机处产生的最大水锤压力升高或降低值从水轮机开始往开放（自由）水面处递减到零值，此间任意一点 k 的水锤压力可按下式计算：

$$h_k=\frac{h(l_1v_1+l_2v_2+\cdots+l_kv_k)}{LV}$$

式中：h_k 为 k 点处的水锤压力；h 为水轮机处的最大水锤压力；V 为全部管道的平均流速；L 为包括（如果有）调压室升管的压力水道总长；$l_1\cdots l_k$ 为从自由水面处开始至 k 点的连续管道长度；v_1、v_2、…、v_k 为各段管道的断面平均流速。

可见，美国标准明确提出了水锤压力取值以阀门处压力最大，往上游沿管道的压力以 LV 的比例关系来折减的做法，这与《水工建筑物荷载设计规范》(DL 5077—1997) 9.6.3 节的算法是完全一致的。

4. 水锤压力荷载系数

中国荷载规范中规定水锤压力作用分项系数取 1.1，但在外国标准中没有明确的规定。美国土木工程师学会《建筑物和其他结构最小设计荷载》第 5 章中提到，当流速不超过 3.05m/s 时，为了达到设计目的，流动水的动力作用应允许被转换成设计洪水位的增加引起的静水压力，言下之意，在流速不够大的情况下，动水压力荷载系数可以取与静水压力同样的荷载系数；该规范还规定，当流体荷载参与组合时，可以取与恒载相同的荷载系数（恒载与其他可变荷载组合系数为1.2）。

1.4.3 关于调节保证参数控制标准的异同

调节保证计算标准是指水锤压力和转速变化在技术经济上合理的允许值，对于两个关键指标的控制标准阐述如下。

1.4.3.1 水锤压力控制标准

在缺乏资料的初步设计阶段进行隧洞和压力管道结构设计时，常直接取水锤压力升高限值作为荷载输入。蜗壳部位水锤压力的最大升高限值 ζ_{max} 通常以相对值 $\Delta H/H_0$（H_0、ΔH 分别表示静水压力及压力升高值）来表示，该值主要根据技术经济要求确定，对此国内规范性文件的主要规定如下：

(1)《水工建筑物荷载设计规范》(DL 5077—1997) 第9.6.4条规定，上游压力水道末端采用的水锤压力升高值，应不小于正常蓄水位下压力水道静水头的10%，即只明确了一个低限值。

(2)《水力发电厂机电设计规范》(DL/T 5186—2004) 第4.3.5条则主要根据电站的额定水头级别分类进行水锤压力升高取值，水头越高限值取得越小：

额定水头小于20m时，水锤压力升高取值宜为100%～70%；额定水头为20～40m时，水锤压力升高取值宜为70%～50%；额定水头为40～100m时，水锤压力升高取值宜为50%～30%；额定水头为100～300m时，水锤压力升高取值宜为30%～25%；额定水头大于300m时，水锤压力升高取值宜小于25%。

美国陆军工程师兵团《水电站水力机械设计规范》(EM 1110-2-4205) 中3.2节中明确，蜗壳处最大压力升高限值应在30%以内，对应国内机电规范额定水头100～300m的情况，即对于低水头电站中水锤压力升高取值美国标准比国内标准更加严格，在应用美国标准进行调节保证计算时应格外注意。

1.4.3.2 机组转速升高控制标准

中国《水力发电厂机电设计规范》(DL/T 5186—2004) 第4.3.4条按照机组容量和机组型式来选择：

对机组甩负荷时的最大转速升高率保证值来说，当机组容量占电力系统工作总容量的比重较大，或担负调频任务时，宜小于50%；当机组容量占系统工作总容量的比重不大，或不担负调频任务时，宜小于60%；贯流式机组宜小于65%；冲击式机组宜小于30%。

美国陆军工程师兵团《水电站水力机械设计规范》(EM 1110-2-4205) 3.2节规定，在一般情况下，当机组转动惯量 WR^2 能够正常地获取时，最大转速升高率保证值不宜超过40%；当满足40%的限值需要特殊的发电机转子磁轭或者独立调速轮时，机组最大转速升高率保证值可以适当放宽，但任何情况下都不宜超过60%。

由此可见，中外标准对于机组最大转速升高的限值区分的出发点是不同的，美国标准以发动机制造难度为出发点，中国规范根据电站在电网系统中的重要性为基础，该限值在数值上两者相差不大。

1.4.4 国内外调节保证计算设计报告编制样式差异

1. 国内样式

前些年，国内设计单位的过渡过程计算一般外委高校进行，现在很多设计单位已逐渐具备在这方面自主科研的能力。目前国内一个完整的典型电站输水发电系统调节报告设计专题报告分以下章节。

(1) 工程概况。一般分工程简介、电力系统状况分析、报告研究目的及内容三个方面。其中，工程简介主要分析工程所在地的地理位置、电站建筑物构成、本电站在电网系统中的作用、当地防洪标准等内容；电力系统状况分析主要进行近年来当地用电量、负荷、接线回路的阐述。

(2) 设计依据。一般分规程规范和设计成果两种输入性资料，设计成果可以包括工程可行性研究报告、枢纽布置比选专题报告、工程枢纽布置图，一般只给出名称索引。

(3) 基本资料。交代特征水位、输水系统参数、机组特征参数（转轮模型特性曲线、调速器参数）、调压室稳定断面面积参数、输水系统布置描述、糙率选取及水头损失等。

(4) 过渡过程计算控制值确定。根据规范明确大波动、小波动、水力干扰计算控制值。

(5) 水力过渡过程计算成果。

1) 介绍计算理论、程序、软件、模型。

2) 描述大波动、小波动、水力干扰的计算工况。

3) 交代选取的导叶启闭规律。

4) 敏感性分析及参数优化，国内工程一般在可行性研究阶段和招标设计阶段开展此项工作，本节对已选取的计算参数（如导叶关闭规律、阻抗孔面积、水道糙率、机组转动惯量、机组特性曲线等）进行敏感性分析，应全面考虑后续设计可能存在的变更，设计人员应根据计算结果，对引水建筑物和水轮发电机组的设计留有一定的裕度。

5) 计算成果及对比分析，一般需根据所有选定工况阐述大波动、小波动、水力干扰的计算成果，分析调压室涌浪、水锤压力、转速升高、流道内压力、尾水管负压等关键参数是否处于安全范围内。

(6) 结论及建议。列出调节保证控制参数表，指出后期需重点关注的问题和建议。

(7) 附件。包括：高校外委报告（若有）；输水发电系统布置图；关键建筑物结构布置图；蜗壳、尾水管单线图；电气主接线图。一般只给出名称索引。

2. 国外样式

国外大公司过渡过程计算基本是自己进行的，如阿尔斯通公司。小公司有委托大公司进行计算的，但较少委托高校。国外过渡过程计算报告没有统一格式，不同公司格式迥异，现参考挪威 Norconsult 的报告格式阐述如下：

(1) 引言。包括：工程概况；计算目的。

(2) 基本数据。包括：特征水位数据；输水系统布置；调压室参数；水轮机参数。

(3) 调节稳定。包括：调节稳定假定及可接受标准；小波动工况描述；小波动计算成果。

(4) 压力和机组转速升高。包括：评判标准及参考值；压力和机组转速升高控制大波动工况描述及计算成果。

(5) 调压室内水位波动。包括：涌波控制大波动工况描述及计算成果。

(6) 结论。

(7) 附件。Norconsult公司计算程序展示简介：基本情况；建模原理；建模单元模块；机组特性曲线比选；泵特性曲线比选；程序输出；计算成果与模型试验结果对比。

综上内容可以看出，虽然编制格式不同，国内外调节保证设计报告的核心内容都是需要交代的，总的来说，国外调节保证设计报告编制内容比国内简洁，较明显的差别是，国外公司基本只对各指标的控制工况进行计算，不像国内报告将所有工况的各项指标的计算成果列全。值得一提的是，国外公司在附件中展示所用软件的原理、介绍业绩的做法，可以增加客户对软件的熟悉度和对计算结果的可信度，可供我们借鉴。

2 水力学问题研究的基本方法和理论

本章着重介绍研究手段，包括各部分模型试验、计算流体力学（CFD）仿真理论和方法、瞬变流数值仿真方法理论（创新理论在本章介绍，工程研究结果在后续相应章节介绍）。

2.1 计算流体动力学（CFD）仿真方法

2.1.1 控制方程

调压室通常可认为是由上游侧的引水结构、不同截面形状的管道连接处渐变结构、下游侧管道结构、调压室大井与有压管道连接结构、阻抗孔结构、连接管与大井间的截面积突然扩大的变截面结构等多个部分组成。调压室区域内的水体流速通常较高，属于湍流。在阻抗孔和主管道连接处和管道分岔处，由于结构因素影响，流场会出现扩散、分离、射流和回流等复杂的湍流特性。调压室的水力特性研究，则是在复杂的流场中获取以流速、流量和压力为主的特征参数，进而量化地研究水流流经调压室的水头损失和进出调压室阻抗孔的水头损失。湍流流动过程中伴随着涡的叠加聚集和溃灭，通过不同涡之间的相互作用传递能量。因湍流中的涡具有随机变化的特性，其流场中的流速、压力等运动要素具有极强的脉动性，应根据流场的不同而具体研究。

流体试验表明，当雷诺数小于某一临界值时，流动是平滑的，相邻的流体层彼此有序地流动，这种流动称作层流（laminar flow）。当雷诺数大于临界值时，会出现一系列复杂的变化，最终导致流动特征的本质变化，流动呈无序的混乱状态。这时即使是边界条件保持不变，流动也是不稳定的，速度等流动特性随机变化，这种状态称为湍流（turbulent flow）。自然界中湍流现象随处可见。几乎所有的水流运输问题中的实际水流都是湍流。湍流的特性在工程中占有十分重要的地位。流体力学学者们对湍流的研究，实际上就是针对湍流流场中流速、压力、温度和物质浓度的分布的研究。然而湍流具有随机性、非恒定性的特点，且所有的湍流运动都是三维问题。因此湍流现象极为复杂，其运动以及与之相联系的热和物质的输运现象都极难描述，也极难进行理论预测。为了通过计算来解决这个问题，人类针对湍流输运过程提出了各种假设，采用一些经验性的结果和假设，把湍流输运过程中的各种物理量与时均流场联系起来，形成后来的所谓湍流模型的基本内容。

湍流是一种涡旋运动。在高雷诺数情况下，这种涡旋运动占优势，涡旋的尺寸和相应的脉动频率、谱域很宽。湍动总是有旋的。可以将湍流想象为各种不同尺度的涡旋叠合而成的流动，涡旋的旋度矢量可以指向空间任意方向，且随时间急剧变化。大涡旋主要由水流的边界条件所决定，其尺寸可以与流场的大小相比拟，它主要受惯性影响而存在，是引起低频脉动的原因。小涡旋由黏性力所决定，其尺寸可能只有流场尺度的千分之一的量级，是引起高频脉动的原因。谱域的宽度、最大涡旋与最小涡旋之间的差别，随着雷诺数的增大而增大。只有大比尺的湍动的输运动量和热才能构成湍动相关项。所以一般的湍流模型所要模拟的是这种大比尺涡旋运动。

大涡旋的比尺与时均流的比尺相当，可以相互作用。大比尺涡旋从时均流获得能量，并将能量传递给大比尺湍动。由于大小涡旋的相互拉拽牵扯，大涡旋的能量可传递给较小的涡旋，直到最小的涡旋。在最小的涡旋中，黏性力变得很活跃，将较大涡旋旋转传递来的能量耗散为热能，时均流输送给湍流的能量的比率由大比尺运动给定；唯有时均流输送给湍动的这一部分能量可以传递给较小比尺的涡旋，最后耗散为热能。由此可见，尽管能量的耗散是一种黏性过程，发生在最小的涡旋之中，但能量耗散率却由大比尺运动所决定。而且，黏滞性并不决定耗散能量的多少，只是决定能量耗散在何种比尺下发生；雷诺数越高，黏滞性的效应越弱，耗散能量的涡旋与大比尺涡旋相比，尺寸就越小。

由于大比尺湍动与时均流之间的相互作用，使得大比尺湍动与水流的边界条件密切相关。时均流通常具有倾向性的主流方向，这种倾向性对大比尺湍动的影响十分明显，使大比尺湍动具有很强的各向异性，湍动强度和湍动长度比尺因方向而异。如果雷诺数足够大，大比尺运动和小比尺运动在谱域上的间距足够大，方向灵敏性便完全消失，使得耗散能量的小比尺湍动变为各向同性。

对于湍流性质的研究最著名的是 1877 年鲍辛涅辛克（Boussinesq）提出的湍动黏性概念，它是模拟湍动应力（即雷诺应力）的最古老的建议，也是目前大多数湍流模型的重要基石。在鲍辛涅辛克假设中，湍动应力可以类比于层流的黏性应力，与时均速度的梯度呈正比。其形式如下：

$$-\rho\overline{u_i u_j}=\mu_t\left(\frac{\partial u_i}{\partial x_j}+\frac{\partial u_j}{\partial x_i}\right)-\frac{2}{3}k\delta_{ij} \tag{2.1.1}$$

其中

$$k=\frac{\overline{u_i' u_j'}}{2}=\frac{1}{2}(\overline{u'^2}+\overline{v'^2}+\overline{u'^2})$$

式中：u_i、u_j 分别为脉动速度沿 x、y 方向上的分量；μ_t 为湍动黏性系数，也称涡旋黏性系数，与分子黏性系数相反，μ_t 反映的不是流体的性质，而是依赖于湍动的状态，在水流的不同点取不同的值，在不同的水流中也取不同的值；δ_{ij} 为克罗奈克函数，$i=j$ 时，$\delta_{ij}=1$，$i\neq j$ 时，$\delta_{ij}=0$；k 为湍动能；u、v、w 分别为流体质点速度沿 x、y、z 方向的分量。

湍动黏性系数正比于表征大比尺湍动特性的速度比尺和长度比尺，即 $\mu_t\propto\hat{V}L$。在若干水流中，能够得到 $\hat{V}$ 和 L 的近似分布，从而得到 μ_t 的近似分布。

数值模拟基于质量守恒定律、动量守恒定律和能量守恒定律进行计算，对于湍流运动，还需附加相应的控制方程。

2.1.1.1 质量守恒方程

单位时间内微元体质量的增加等于单位时间内流入该微元体的净质量，对其建立表达式，如下：

$$\frac{\partial \rho}{\partial t}+\frac{\partial(\rho u)}{\partial x}+\frac{\partial(\rho v)}{\partial y}+\frac{\partial(\rho w)}{\partial z}=0 \tag{2.1.2}$$

引入矢量符号，$\operatorname{div}(\vec{u})=\frac{\partial u}{\partial x}+\frac{\partial v}{\partial y}+\frac{\partial w}{\partial z}$，则式（2.1.2）可写为

$$\frac{\partial p}{\partial t}+\operatorname{div}(\rho\vec{u})=0 \tag{2.1.3}$$

式中：ρ 为流体密度；t 为时间；$\vec{u}$ 为速度矢量；u、v、w 分别为速度矢量 $\vec{u}$ 在 x、y、z 方向的分量。

2.1.1.2　动量守恒方程

由牛顿第二定律可知，外界作用在微元体上的合力等于微元体动量随时间的变化率，对其建立表达式，如下：

$$\begin{cases}\frac{\partial(\rho u)}{\partial t}+\operatorname{div}(\rho u\vec{u})=\operatorname{div}(\mu\operatorname{grad}u)-\frac{\partial p}{\partial x}+S_u\\ \frac{\partial(\rho v)}{\partial t}+\operatorname{div}(\rho v\vec{u})=\operatorname{div}(\mu\operatorname{grad}v)-\frac{\partial p}{\partial y}+S_v\\ \frac{\partial(\rho w)}{\partial t}+\operatorname{div}(\rho w\vec{u})=\operatorname{div}(\mu\operatorname{grad}w)-\frac{\partial p}{\partial z}+S_w\end{cases} \tag{2.1.4}$$

式中：μ 为动力黏度系数；ρ 为密度；p 为液体压强；t 为时间；S 为广义源项。

2.1.1.3　能量守恒方程

能量不可能凭空消失，也不可能凭空出现，只能够相互进行转化或转移，同时总的能量维持不变。具体可表述为：微元体的能量变化等于体积力、表面力和进入微元体的净热流量对该微元体所做的功。对不可压缩流体，当液体间热交换很小时，可以忽略热量交换，只需联立式（2.1.3）及式（2.1.4）即可得到如下表达式：

$$\frac{\partial(\rho T)}{\partial t}+\operatorname{div}(\rho\vec{u}T)=\operatorname{div}\left(\frac{k}{c_p}\operatorname{grad}T\right)+s_T \tag{2.1.5}$$

式中：c_p 为比热容；T 为温度；k 为流体的传热系数；s_T 为黏性耗散项。

2.1.1.4　湍流控制方程

湍流在自然界中广泛存在，其具有不规则性，主要表现在速度、压强等物理量在时空上的任意分布及不可重复性。湍流包含许多不同尺度的脉动，主要表现在空间尺度与时间尺度上。以时间尺度为例，对其作频谱分析，具有连续的、较宽的频谱，包括频率很大和频率很小的脉动，因此，需要对其进行精细的模拟，但对计算机的计算量、存储量要求极高。

湍流是流体微团的不规则运动，但其最小空间尺度与最小时间尺度都远大于分子热运动相应尺度，因此，仍然遵守流动的宏观守恒方程。式（2.1.4）是三维瞬态 N-S 方程，对湍流同样适用，和连续性方程一起构成湍流控制方程。

2.1.2　湍流数值模拟方法

湍流的数值模拟方法主要分为两类：一是直接数值模拟（Direct Numerical Simulation，DNS)；二是非直接数值模拟。前者不需要作任何简化，对湍流的控制方程直接求解；后者需要建立一定的模型来进行求解，主要分为大涡模拟（Large Eddy Simulation，LES)、统计平均法和雷诺平均（Reynolds Average Navier－Stokes，RANS）方法三种。其中统计平均法主要针对小尺度脉动，基于相关的统计理论对湍流展开研究，在实际中运用较少。

2.1.2.1　直接数值模拟（DNS）方法

DNS方法直接求解上述湍流控制方程，不作简化处理，不需要建立模型，可以获得流场的全部信息，但对计算机的内存与速度要求颇高。以 0.1m×0.1m 大小的流域为例，实测数据表明，高雷诺数流动中含有 10～100μm 尺度的脉动，若要得到所有脉动的信息，需要的网格节点数将达到 $10^9\sim10^{12}$ 个，同时由于内部脉动频率可达 10kHz，因此离散的时间步长需取至 100μs 以下。上述微小的网格及时间步长对计算机的性能要求是极高的，因此，在实际中运用较少，仅适用于低雷诺数流动。

2.1.2.2　雷诺平均（RANS）方法

由上可知，对湍流进行精细模拟具有很大的难度，在实际工程中有时不需要得到流场的全部细节，只关注平均流场的变化，得到一个整体的效果。因此，对湍流控制方程进行平均化处理，然后再求解，是RANS方法的基本思想。

RANS方法具体步骤为：将湍流的速度、压强瞬时值分解为平均值与脉动值之和，即

$$u_i(\vec{x},t)=u_i(\vec{x},t)+u'_i(\vec{x},t) \tag{2.1.6}$$

$$p(\vec{x},t)=p(\vec{x},t)+p'(\vec{x},t) \tag{2.1.7}$$

式中："→"为取平均值；上标"′"为脉动值。

将式（2.1.6）和式（2.1.7）代入到式（2.1.3）及式（2.1.4），对式子两边取雷诺时间平均，得到湍流的平均化控制方程，如下：

$$\frac{\partial u_i}{\partial t}+u_j\frac{\partial u_i}{\partial x_j}=-\frac{1}{\rho}\frac{\partial p}{\partial x_i}+\upsilon\frac{\partial^2 u_i}{\partial x_j\partial x_j}-\frac{\partial u'_iu'_j}{\partial x_j}+S_i \tag{2.1.8}$$

$$\frac{\partial u_i}{\partial x_i}=0 \tag{2.1.9}$$

式中：x_i、x_j（i，$j=1$，2，3）为坐标分量；u_i、u_j 表示相应坐标分量上的流速。

与未平均化的湍流控制方程相比，平均湍流控制方程多出了$-\rho\langle u'_iu'_j\rangle$形式的未知量，定义其为雷诺应力，即

$$\tau_{ij}=-\rho u'_iu'_j \tag{2.1.10}$$

上述平均湍流控制方程包括 3 个平均动量方程和 1 个连续性方程，一共仅 4 个方程，而未知量有 10 个：τ_{ij} 对应的 6 个不同雷诺应力、3 个平均速度和 1 个平均压强。因此，方程不封闭，需要建立新的湍流模型才能求解。根据对雷诺应力项处理方式的不同，目前主要分为雷诺应力模型与涡黏模型。前者直接建立表达雷诺应力的方程；后者基于涡黏理论，引入湍动黏度，根据计算湍动黏度引入新方程的数量，形成了零方程、一方程和两方程三种模型。其中，两个方程模型是目前最为常用、积累经验最多的

模型。

两方程模型又称为 $k-\varepsilon$ 模型，k 表示湍动能方程，ε 表示湍动能耗散率方程，通过引入上述方程，从而使方程组封闭。根据求解思路的不同，主要分为 Standard $k-\varepsilon$ 模型、RNG $k-\varepsilon$ 模型和 Realizable $k-\varepsilon$ 模型。

Standard $k-\varepsilon$ 模型由上述湍流的平均化控制方程、湍动能 k 方程和湍动能耗散率 ε 方程所构成。该模型计算稳定，精度较高，适用于高雷诺数和完全湍流的情况，例如对边界层、射流和尾迹流等的模拟，往往可以取得满意的效果，但不适用于运动要素各向异性较强的湍流，例如缸内旋流等流动边界弯曲或流线弯曲的湍流运动，此时，需要进行一定的修正，否则计算结果精度较差。而 RNG $k-\varepsilon$ 模型和 Realizable $k-\varepsilon$ 模型克服了上述缺点，均表现出比 Standard $k-\varepsilon$ 模型更好的模拟效果。由于 Realizable $k-\varepsilon$ 模型是最新出现的，没有足够的研究表明其比 RNG $k-\varepsilon$ 模型精度更高，但是已有证据表明 Realizable $k-\varepsilon$ 模型在三种 $k-\varepsilon$ 模型中对流动分离和二次流的模拟上有很好的表现。Realizable $k-\varepsilon$ 模型引入了一个湍流涡黏系数的计算公式，不再把该系数当作一个定值，且为湍动能耗散率建立了新的传输方程，被广泛用于模拟旋转均匀剪切流动、含有混合流与射流的强逆压梯度边界层流动、自由流及含有流动分离或二次流的流动。湍动能 k 方程和湍动能耗散率 ε 方程表达式如下：

k 方程：

$$\frac{\partial(\rho k)}{\partial t}+\frac{\partial(\rho k u_i)}{\partial x_i}=\frac{\partial}{\partial x_j}\left[\left(\mu+\frac{\mu_t}{\sigma_k}\right)\frac{\partial k}{\partial x_j}\right]+G_k-\rho\varepsilon \tag{2.1.11}$$

ε 方程：

$$\frac{\partial(\rho\varepsilon)}{\partial t}+\frac{\partial(\rho\varepsilon u_i)}{\partial x_i}=\frac{\partial}{\partial x_j}\left[\left(\mu+\frac{\mu_t}{\sigma_\varepsilon}\right)\frac{\partial\varepsilon}{\partial x_j}\right]+\rho C_1 E\varepsilon-\rho C_2\frac{\varepsilon^2}{k+\sqrt{v\varepsilon}}\mu_t=\rho C_\mu\frac{k^2}{\varepsilon} \tag{2.1.12}$$

其中 $C_\mu=\dfrac{1}{A_0+\dfrac{A_S U^* k}{\varepsilon}}$；$\sigma_\varepsilon=1.2$；$C_2=1.9$；$\sigma_k=1.0$；$C_1=\max\left(0.43,\ \dfrac{\eta}{\eta+5}\right)$；

$\eta=\ (2E_{ij}\cdot E_{ij})^{0.5}\dfrac{k}{\varepsilon}$；$E_{ij}=\dfrac{1}{2}\left(\dfrac{\partial u_i}{\partial x_j}+\dfrac{\partial u_j}{\partial x_i}\right)$；$A_0=4.0$；$A_S=\sqrt{6}\cos\phi$；

$\phi=\dfrac{1}{3}\cos^{-1}\ (\sqrt{6}W)$；$W=\dfrac{E_{ij}E_{jk}E_{kj}}{(E_{ij}E_{ij})^{0.5}}$；$U^*=\sqrt{E_{ij}E_{ij}+\Omega_{ij}\Omega_{ij}}$；

$\Omega_{ij}=\Omega_{ij}-2\varepsilon_{ijk}\omega_k$；$\Omega_{ij}=\overline{\Omega}_{ij}-\varepsilon_{ijk}\omega_k$

RANS 方法计算量较小，因此可运用现有计算机资源求解复杂的高雷诺数运动。但其只能分辨湍流的平均运动，无法给出物理量的脉动值。其次，湍流含有许多不同尺度的脉动，其中大尺度脉动含有较大比例的湍动能，在流动中起主导作用，较强地依赖于边界条件，但实际中的边界条件千变万化，尽管现存许多 RANS 方法的封闭模型，但不存在对一切平均运动都适用的湍流方法，计算精度较差。

2.1.2.3　大涡模拟（LES）方法

综合上述方法的优缺点，提出一种折中的湍流数值模拟方法——LES 方法。该方法先通过滤波函数将湍流分为可解尺度湍流与不可解尺度湍流，前者包含大尺度脉动，几乎含有全部的湍动能，其强烈依赖于边界条件，不存在普适的模型，对其直接进行求解；后者包含小尺度脉动，主要起耗散作用，边界条件对其影响不大，因此可以建立普适的模型。

LES方法对小尺度脉动的过滤，通过积分运算来实现。例如，将脉动速度在边长为Δ的立方体中作体积平均，即

$$\overline{u_i}(\vec{x},t)=\frac{1}{\Delta^3}\int_{-\Delta/2}^{\Delta/2}\int_{-\Delta/2}^{\Delta/2}\int_{-\Delta/2}^{\Delta/2}u_i(\vec{\xi},t)G(\vec{x}-\vec{\xi})\,d\xi_1 d\xi_2 d\xi_3 \tag{2.1.13}$$

式中：$\overline{u_i}(\vec{x},\ t)$为过滤后的大尺度速度；$u_i(\vec{\xi},\ t)$为湍流运动的瞬时速度；$\Delta$为过滤长度，小于该尺度的脉动速度则被过滤掉；$G(\vec{x}-\vec{\xi})$为滤波函数，表达式如下：

$$G(\vec{\eta})=1,\quad |\eta|\leqslant\Delta/2 \tag{2.1.14}$$

$$G(\vec{\eta})=0,\quad |\eta|>\Delta/2 \tag{2.1.15}$$

滤波函数主要有高斯滤波（Gaussian）、盒式滤波（Deardorff）和富氏截断滤波（Sharp Cutoff）三种。其中，盒式滤波被广泛使用。

对湍流控制方程进行过滤，从而去掉湍流中的小尺度脉动，得到大尺度脉动的控制方程，表达式如下：

$$\overline{\phi}(x)=\int_D\phi(x')G(x,x')\mathrm{d}x' \tag{2.1.16}$$

式中：D为计算区域；ϕ为过滤前的变量；$\overline{\phi}$为过滤后的变量；G为表达过滤长度的函数；x'为过滤前在计算区域中的坐标；x为过滤后在大尺度区域的坐标。

FLUENT软件中，有限体积法本身就含有相应的过滤计算，即

$$\overline{\phi}(x)=\frac{1}{V}\int_v\phi(x')G(x,x')\mathrm{d}x',x'\in v \tag{2.1.17}$$

式中：V为网格单元体积，过滤长度的函数$G(x,x')$的表达式为

$$G(x,x')=\begin{cases}1/V, & x'\in v\\ 0, & x'\notin v\end{cases} \tag{2.1.18}$$

利用上述过滤运算，脉动速度被分解为大尺度与小尺度脉动速度，即

$$u_i(\vec{x},t)=\overline{u_i}(\vec{x},t)+u_i''(\bar{x},t) \tag{2.1.19}$$

式中：$u_i''(\bar{x},\ t)$为小尺度脉动速度。

大尺度脉动的控制方程可通过对N-S方程过滤导出，如下

$$\frac{\partial\overline{u_i}}{\partial t}+\frac{\partial\overline{u_iu_j}}{\partial x_j}=-\frac{1}{\rho}\frac{\partial\overline{p}}{\partial x_i}+\upsilon\frac{\partial^2\overline{u_i}}{\partial x_j\partial x_j}+\overline{S_i} \tag{2.1.20}$$

$$\frac{\partial\overline{u_i}}{\partial x_i}=0 \tag{2.1.21}$$

与过滤前的N-S方程相比，可解尺度的LES控制方程出现了新的未知量$\overline{u_iu_j}$，由式（2.1.20）可得

$$\overline{u_i u_j} = \overline{[\overline{u_i}(\vec{x},t) + u_i''(\vec{x},t)][\overline{u_j}(\vec{x},t) + u_j''(\vec{x},t)]}$$
$$= \overline{\overline{u_i}(\vec{x},t)\overline{u_j}(\vec{x},t)} + \overline{\overline{u_i}(\vec{x},t)u_j''(\vec{x},t)} + \overline{\overline{u_j}(\vec{x},t)u_i''(\vec{x},t)} + \overline{u_i''(\vec{x},t)u_j''(\vec{x},t)} \tag{2.1.22}$$

式（2.1.22）给定过滤器运算后，右端第一项可由 $\overline{u_i}(\vec{x},t)$ 计算得到，不需要建立模型，而右端第 2、第 3、第 4 项均含有小尺度脉动 $u_i''(\vec{x},t)$，在 LES 方法中是不可分辨的，因此需要建立模型进行封闭，从而将小尺度脉动对大尺度脉动的影响考虑进去。建立封闭模型是大涡模拟的关键，后文将进行详细介绍。

综上，由于 LES 方法仅对大尺度脉动直接求解，因此，相较于 DNS 方法，其时间步长、网格大小可以放大，从而大大减少计算量，缓解了对计算机性能的苛刻要求，并可以较精确地模拟湍流的瞬时运动和发展，得到比 RANS 方法更多的流动信息。表 2.1.1 将 3 种湍流数值模拟方法的特点进行了归纳。

表 2.1.1　　湍流数值模拟方法特征表

湍流模型	DNS	RANS	LES
动量方程	$\frac{\partial u_i}{\partial t}+u_j\frac{\partial u_i}{\partial x_j}=-\frac{1}{\rho}\frac{\partial p}{\partial x_i}+\upsilon\frac{\partial^2 u_i}{\partial x_j\partial x_i}+S_i$	$\frac{\partial u_i}{\partial t}+\frac{\partial u_iu_j}{\partial x_j}=-\frac{1}{\rho}\frac{\partial p}{\partial x_i}+\nu\frac{\partial^2 u_i}{\partial x_j\partial x_j}+S_i$	$\frac{\partial \overline{u_i}}{\partial t}+\frac{\partial \overline{u_iu_j}}{\partial x_j}=-\frac{1}{\rho}\frac{\partial \overline{p}}{\partial x_i}+\nu\frac{\partial^2 \overline{u_i}}{\partial x_j\partial x_j}+\overline{S_i}$
连续性方程	$\frac{\partial u_i}{\partial x_i}=0$ $\frac{\partial u_i}{\partial x_i}=0$	$\frac{\partial u_i}{\partial x_i}=0$	$\frac{\partial \overline{u_i}}{\partial x_i}=0$
模型	对湍流控制方程直接求解，不作简化处理，不需要建立模型	对湍流控制方程进行平均化处理后，需要建立模型进行求解	对大尺度脉动直接求解，对小尺度脉动建立亚格子模型来求解
分辨率	流场的全部信息	平均流场的信息	可分辨大尺度脉动
模拟结果	瞬时值	平均值	瞬时值
计算量	极大	小	大

2.1.3 几何模型和计算网格

在对流场进行数值模拟前，为了便于计算需要将流场几何区域划分为若干连续的小单元，这就是网格划分过程。网格划分的第一步是确定计算区域，建立几何模型，可根据使用者熟悉程度进行几何模型建立。一般而言，计算区域的大小范围一定时网格数量越大，对应的模拟精度就会越优，得出的计算结果的精度越高。但在网格数上升到一定值后，计算量会明显增大，计算时间也会延长，此时网格数量提升带来的计算精度提高的价值可能远超过提高计算机性能付出的价值。所以在实际划分网格时，应该对计算精度和计算资源消耗这两个矛盾对应的因素仔细权衡。由于计算区域内各计算单元形状差异较大，流动要素变化的剧烈程度也有一定的差异，为提高网格的划分质量，在网格划分之前应该对流场区域进行特性分析，比较不同区域的运动要素变化强度和流道几何形状的区别等。在针对性的分析后，可对流场区域在计算中影响的权重进行几何区域划分，再根据各个区域的特性确定网格形式和划分的疏密程度。

网格划分的主要步骤可概括为：确定计算区域、建立几何模型、确定网格进出口边界和壁面边界条件、根据流体特性分区、选择适用网格形式和划分尺寸 6 个主要步骤。网格形式主要可划分为结构化网格和非结构化网格。前者包括四边形网格和六面体网格，它们的优点是生成速度快、计算精度高、数据结构简单，但是适用范围小，只适用于边界规则的几何模型；而后者包括三角网格和四面体网格，适用范围广，对边界复杂的几何模型可以取得较好的效果。

2.1.4 边界条件

对于调压室数值模拟的局部流场特点，需要使用以下边界计算方程。

（1）进口边界条件可以表述为

$$u_{in}=\frac{Q}{A}=\text{const} \tag{2.1.23}$$

$$Re=\frac{u_{in}d}{n} \tag{2.1.24}$$

$$I=0.16(Re)^{-\frac{1}{8}} \tag{2.1.25}$$

式中：d 为水力直径；I 为湍流强度；u_{in} 为内部流速；Re 为雷诺数。

（2）出口边界条件可以表述为

$$\frac{\partial u_i}{\partial x_i}=0 \quad (i=1,2,3) \tag{2.1.26}$$

$$\frac{\partial p}{\partial n}=0 \tag{2.1.27}$$

（3）管道壁面边界条件采用无滑移固壁边界，表述为

$$u_i=0 \quad (i=1,2,3) \tag{2.1.28}$$

对于无论是 Standard $k-\varepsilon$ 模型、RNG $k-\varepsilon$ 模型、Realizable $k-\varepsilon$ 模型，还是 Reynolds 应力方程模型，它们都是高雷诺数的湍流模型，也就是说，这些模型都是针对充分发展的湍流才有效的，只能用来求解处于湍流中心区域的流动。壁面区域的流动变化很大，尤其在黏性底层，流动几乎是层流，湍流的波动影响不如分子的黏性大，湍流应力作用非常微弱。因此在这一区域中不能用前文所述的基础模型来计算，必须采用针对性的处理方法。

与低雷诺数 $k-\varepsilon$ 模型相比较，壁面函数法虽然不能获得到黏性底层和过渡层内的“真实”速度分布，但其计算效率较高，具有工程实用价值，且不需要在壁面区域采用过细的近壁网格，因此计算成本较低，本书所用的 FLUENT 软件采用的壁面函数法就是这种方法。对数函数逼近边壁区流速分布的壁函数法公式为

$$\frac{u_p u^*}{\tau_w/\rho}=\frac{1}{\kappa}\left(\ln E\frac{\rho u^* y_p}{\mu}\right)-\Delta B \tag{2.1.29}$$

其中

$$u^*=C_\mu^{\frac{1}{4}}k_p^{\frac{1}{2}}$$

式中：E 为经验常数，$E=9.81$；u_p 为 P 点的湍动能；y_p 为 P 点与边壁之间的距离；ΔB 反映了壁面粗糙度影响的系数；k 为 $k\bar{a}rm\bar{a}n$ 常数，$k=0.41$；μ 为流体的运动黏性

系数；u_p 为 P 点（第一层网格点）的平均流速。

在使用壁面函数对近壁面区域进行模拟时，只有在 $y^*=\frac{\rho u^* y_p}{\mu}>30\sim60$ 范围内时该方法才适用，对于近壁面网格的划分尺寸则要求第一层网格划分高度 y_p 需要使 $y^*=\frac{\rho u^* y_p}{\mu}$ 满足 $30<y^*<300$，采用壁函数模拟靠近管壁流场特性的精度才能得到质量保证。

2.2　一维瞬变流仿真理论

管道内的水流有恒定和非恒定两种状态。流动中的水流从一种稳定状态转变到另一种稳定状态时，中间产生的过渡流态是一种水力要素随时间变化的非恒定状态，这种流态称为瞬变流（瞬态流），流态转变的过程叫作水力过渡过程。瞬变流一般指变化较快的非恒定流，是水力过渡过程中最常见的水流流态，也是水力过渡过程计算的核心内容。明渠流动是指具有自由表面的一类流动，满流是在管道内没有自由表面的水流。明满交替流动是一种出现在管道或封闭明渠中的由明流变成满流或由满流变成明流的水力过渡现象，是一种特殊的瞬变流，比一般的非恒定流动有着更为复杂的水力特性。

研究一维流仅需沿流程方向布置坐标系（贴体坐标系），各水力要素值选取断面平均值即可，由此可见，一维流动的水力要素在空间分布上仅仅依赖于一个空间变量。一维瞬变流分析，即在满足工程精度要求的前提下，通过合理适当地处理水力要素和坐标系，降低瞬变流的维度后对水力学问题展开分析。这个方法在科学研究和工程应用中经常被使用。一维瞬变流分析实现的第一步是建立正确的数学模型。一维瞬变流数学模型的基本分类见图 2.2.1。

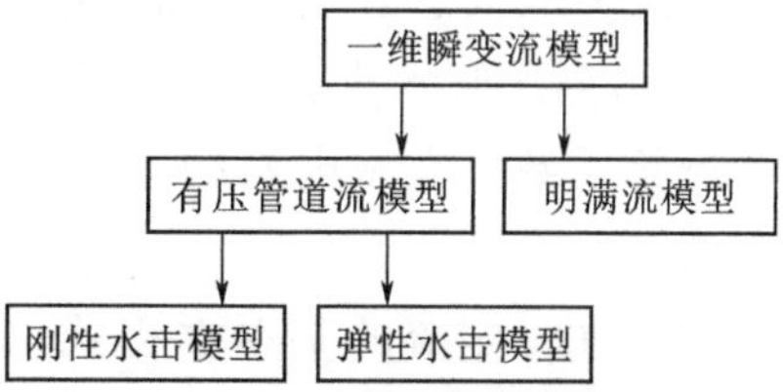

一维瞬变流模型
有压管道流模型
明满流模型
刚性水击模型
弹性水击模型

图 2.2.1　一维瞬变流数学模型的基本分类

2.2.1　有压管道非恒定流数学模型

水电站有压引水系统中，由管道阀门突然启闭或水轮机突然丢弃负荷等原因所引起的压力管道、水轮机蜗壳内的压强和流速等水力要素随时间急剧变化的现象，均属于非恒定流现象。

从物理本质上讲，有压管道中水流的流速、压强、流量、水位等水力要素，因某种扰动产生了沿管道上下游发展的变化，这类变化统称为有压管道的非恒定流现象。物理学中把造成非恒定流的扰动在介质中的传播现象称为波。波所到之处，破坏了原先的恒定流状态，使该处的水力要素随时间发生显著变化。由于有压管道中的水流没有自由表面，非恒定流现象表现为压强和密度的变化和传播，因此在研究非恒定流现象时需要考虑液体的可压缩性和管壁弹性变形产生的影响。有压管道非恒定流产生的波以弹性波的形式传播，水流运动过程中起主要作用的力是惯性力和弹性力，本节以有压管道非恒定流作为主要研究对象，经管道划分及水锤波速选取后，建立相应数学模型。

2.2.1.1 水锤波速的选择

水锤的理论研究包括众多方面，其中管道内的水锤波速问题十分重要，影响波速的因素也有许多，例如管壁约束、水体密度、管道材质、压力及水温等，因此除均质薄壁管外，在对各组合管（混凝土衬砌隧洞、钢衬钢筋混凝土管道等）的水锤波速进行选择时只能近似确定取值。对于最大水锤压强出现在第一相末的高水头水电站，水锤波速对最大水锤压强影响相对较大，应尽可能选择符合实际情况而又略为偏小的水锤波速以保证机组安全运行。水锤波速对第一相末之后的各相水锤压强的影响逐渐减小，对于大多数水电站，最大水锤压强出现在开度变化接近终了的时刻，在这种情况下，过分追求水锤波速的精度是没有必要的，而且一般也是难以做到的。针对乌干达鲁玛水电站，考虑其长有压输水系统的水力特性和水锤特点，混凝土衬砌隧洞中的水锤波速可近似地取为900～1000m/s；压力钢管中的水锤波速可近似地取为1000～1100m/s。在实际计算中，考虑到管道特性的差异以及波速的调整，各特征管道的计算波速存在一定的差别。

2.2.1.2 引水发电系统数学模型

有压非恒定流的基本方程包括运动方程和连续方程：

$$G\frac{\partial H}{\partial x}+V\frac{\partial v}{\partial x}+\frac{\partial v}{\partial t}+\frac{f}{2D}V|V|=0 \tag{2.2.1}$$

$$\frac{\partial H}{\partial t}+V\frac{\partial H}{\partial x}-V\sin\alpha+\frac{a^2}{g}\frac{\partial V}{\partial x}=0 \tag{2.2.2}$$

式中：x 为从任意起点开始的沿管道中心线的坐标距离；α 为管道中心线和水平线的夹角；H 为测压管水头；V 为平均流速；D 为管道直径；a 为水锤波速；f 为达西-威斯巴哈摩擦系数；在水电站的实际运行中，与其他各项比，$V\sin\alpha$ 的值很小，为简化计算可省略。

有压非恒定流的基本方程式（2.2.1）和式（2.2.2）是拟线性双曲型偏微分方程组。在众多求解拟线性双曲型偏微分方程组的方法中，特征线法精确度较高，应用较广。

1. 有压管道过渡过程计算的特征线法

有压管道系统水锤计算的特征相容方程为

$$C^+ : H_{Pi}=C_P-B_PQ_{Pi} \tag{2.2.3}$$

$$C^- : H_{Pi}=C_M+B_MQ_{Pi} \tag{2.2.4}$$

式中：C_P、B_P、C_M、B_M 为时刻 $t-\Delta t$ 的已知量；H_{Pi}、Q_{Pi} 为时刻 t 的未知量。

$$C_P=H_{i-1}+BQ_{i-1} \tag{2.2.5}$$

$$B_P=B+R|Q_{i-1}| \tag{2.2.6}$$

$$C_M=H_{i+1}-BQ_{i+1} \tag{2.2.7}$$

$$B_M=B+R|Q_{i+1}| \tag{2.2.8}$$

其中

$$B=\frac{a}{gA},\quad R=\frac{f\Delta x}{2gDA^2}$$

式中：B、R 分别为常数；H_{i-1}、Q_{i-1}、H_{i+1}、Q_{i+1} 为时刻 $t-\Delta t$ 的已知量；$i-1$、i、

$i+1$ 为图 2.2.2 中的计算断面位置；a、D、A、f 分别为水锤波速、管道直径、面积和摩阻系数；Δx 为特征网格管段长度，满足库朗条件，即

$$\Delta t=\frac{\Delta x}{a}$$

2. 机组节点

如图 2.2.3 所示为机组节点示意图，描述机组节点的方程有：

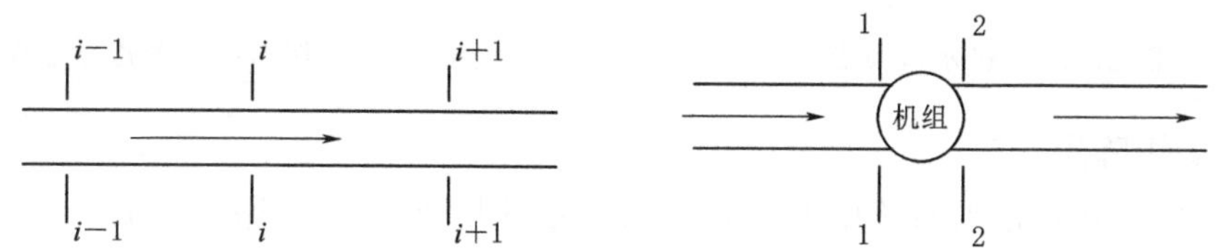

图 2.2.2 有压管道节点（$i-1$，i，$i+1$） 图 2.2.3 机组节点

$$H_{P1}=C_{P1}-B_{P1}Q_{P1} \tag{2.2.9}$$

$$H_{P2}=C_{m2}+B_{m2}Q_{P2} \tag{2.2.10}$$

$$P=\gamma QH\eta \tag{2.2.11}$$

$$Q_{11}=\frac{Q}{{D_1}^2\sqrt{H}} \tag{2.2.12}$$

$$N_{11}=\frac{D_1 n}{\sqrt{H}} \tag{2.2.13}$$

水轮机模型综合特性曲线 $Q_{11}=f_1(n_{11},\tau)$，$\eta=f_2(n_{11},\tau)$，其中 τ 为导叶开度。

计算水轮机转速变化采用以下公式：

$$n_{t+\Delta t}=\sqrt{n_t^2+\frac{1}{T_a}\frac{P_{t+\Delta t}+P_t}{2}\Delta t} \tag{2.2.14}$$

式（2.2.9）～式（2.2.14）中：P、Q、H、η 分别为水轮机的出力、流量、工作水头和效率；D_1 为机组转轮直径；n 为转速；Q_{11}、n_{11} 分别为水轮机的单位流量和单位转速；T_a 为机组惯性时间常数。

3. 水库（进水口）节点

如图 2.2.4 所示为水库的进水口节点，描述该节点各参数的控制方程为

$$H_{P1}=C_{m1}+B_{m1}Q_{P1} \tag{2.2.15}$$

$$H_{P1}=H_R \tag{2.2.16}$$

式中：H_R 为水库水位。

4. 尾水出口节点

如图 2.2.5 所示为尾水出口节点示意图，描述该节点各参数的控制方程为

$$H_{Pn}=C_{pn}-B_{pn}Q_{Pn} \tag{2.2.17}$$

$$H_{Pn}=H_T \tag{2.2.18}$$

式中：H_T 为尾水位。

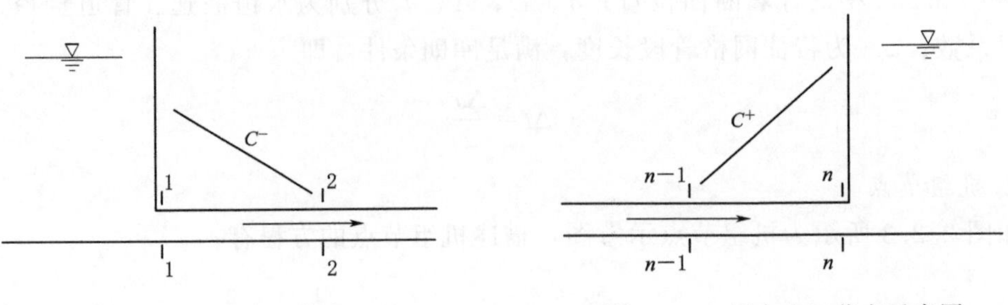

图 2.2.4　进水口节点　　　　图 2.2.5　尾水出口节点示意图

2.2.2　结构矩阵法

系统结构矩阵是根据系统中的各元素按一定的规律构建而成的。通过将复杂的物理系统分解为简单的元素，继而建立表达元素数学模型的元素矩阵，再用元素矩阵构建全系统矩阵。

构建稳态计算和动态计算的模型，除了某些元素的元素矩阵不一样外，构建过程的计算流程基本保持一致，这为运用结构矩阵法进行计算减少许多困难，是结构矩阵法的一大优点。具有不同稳态与动态元素矩阵的元素有：有压管道元素、明渠流元素、明满交替流元素。在动态计算中，这几种元素流量发生变化时，其端点水头差 ΔH 分为两部分：

$$\Delta H=\Delta H_s+\Delta H_d \tag{2.2.19}$$

式中：ΔH_s 为静态水头分量；ΔH_d 为动态分量，即水击分量（有压管流）或涌波水位分量（明流）。

节流孔、各类阀门、闸门、水轮机、水泵等许多不同种类的元素中的水体惯量在动态计算中是可以忽略的。因此，这些元素的元素矩阵没有动态和静态的区别。

2.2.2.1　管道瞬变流元素矩阵

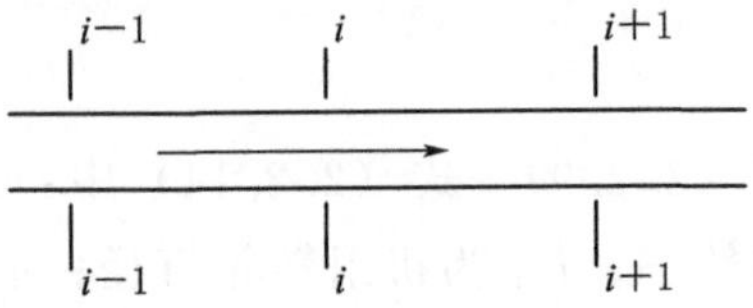

图 2.2.6　管道元素流量方向

元素矩阵方程只涉及该元素端点（也就是元素边界）的 4 个状态变量。假定图 2.2.6 中，元素的 $i-1$ 端为上游端，根据弹性水击基本方程组推出的特征线方程组如下。

正特征方程：

$$Q_P=C_m-\frac{1}{Z_c}H_P \tag{2.2.20}$$

负特征方程：

$$Q_P=C_n+\frac{1}{Z_c}H_P \tag{2.2.21}$$

边界 $i-1$、$i+1$ 的特征方程如下：

$$Q_{i-1}=C_n+\frac{1}{Z_c}H_{i-1} \tag{2.2.22}$$

$$Q_{i+1}=C_m-\frac{1}{Z_c}H_{i+1} \tag{2.2.23}$$

$$C_n=Q_B-\frac{gA}{a}H_B-R\Delta xQ_B|Q_B| \tag{2.2.24}$$

$$C_m=Q_A+\frac{gA}{a}H_A-R\Delta xQ_A|Q_A| \tag{2.2.25}$$

$$R=\frac{f}{2aDA} \tag{2.2.26}$$

式中：Z_c 为管道特征阻抗，$Z_c=\frac{a}{gA}$。

当计算进行到时间 t 时，变量 Q_B、H_B、Q_A 和 H_A 均为上一个时间步 $t-\Delta t$ 时的值，即为已计算出的已知值。图 2.2.7 为管道两端边界的正负特征线及 A、B 分割点示意图。

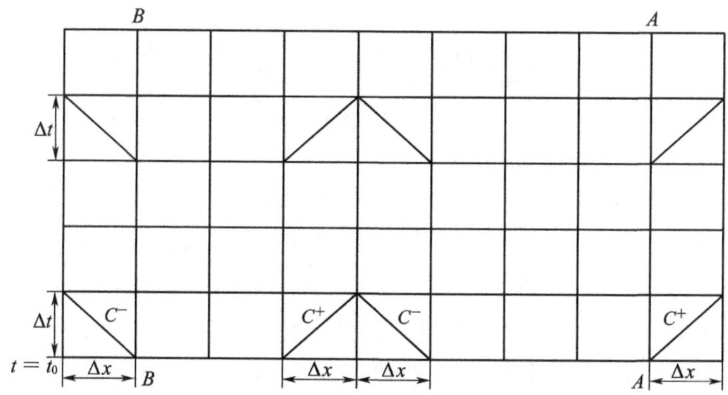

图 2.2.7　管道两端边界的正负特征线及 A 和 B 分割点示意图

由式（2.2.22）和式（2.2.23）可得出管道元素瞬态流矩阵方程：

$$\begin{bmatrix}\frac{-1}{Z_c} & 0\\ 0 & \frac{-1}{Z_c}\end{bmatrix}\begin{bmatrix}H_{i-1}\\ H_{i+1}\end{bmatrix}=\begin{bmatrix}Q_{i-1}\\ Q_{i+1}\end{bmatrix}+\begin{bmatrix}\frac{C_n}{Z_c}\\ -\frac{C_m}{Z_c}\end{bmatrix} \tag{2.2.27}$$

这是一个对角线矩阵，也就是说这其实是两个完全独立方程的组合，两端的状态变量在任意一个特定的时间点并无耦合关系。管道是一个场元素。场元素是一种具有瞬间隔离特点的元素，场元素的这种去耦作用能大大加快系统瞬态过程的计算。

2.2.2.2　水轮机组元素矩阵

作为水电站的主要设备之一，水轮发电机组是水轮机和发电机组成的一个整体，在结构矩阵法中应作为一个组合型元素来处理。

如果水轮机的某一已知状态点水头和流量分别用 H_0 和 Q_0 表示，可将该已知状态点与相近的另一状态点的水头 H 和流量 Q 用牛顿一次逼近法表达为

$$H=H_0+\frac{\mathrm{d}H}{\mathrm{d}Q}(Q-Q_0) \tag{2.2.28}$$

根据水轮机水力阻抗定义式可得

$$H=H_0+Z_0(Q-Q_0) \tag{2.2.29}$$

式中：Z_0 为水头为 H_0、流量为 Q_0 时的水轮机水力阻抗。

水轮机是一个两端点元素，基于结构矩阵法的端点状态变量及流量方向，根据式（2.2.28）和式（2.2.29）可得

$$H_1-H_2=H_0+Z_0(Q_2-Q_{02}) \tag{2.2.30}$$

或

$$\frac{1}{Z_0}(H_1-H_2)=\frac{1}{Z_0}H_0+Q_2-Q_{02} \tag{2.2.31}$$

由于 $Q_1=Q_2$，因此也有

$$\frac{1}{Z_0}(H_1-H_2)=\frac{1}{Z_0}H_0+Q_1-Q_{01} \tag{2.2.32}$$

将式（2.2.31）和式（2.2.32）写成矩阵形式，即得水轮机元素矩阵方程表达式：

$$\begin{bmatrix}\frac{1}{Z_0} & -\frac{1}{Z_0}\end{bmatrix}\begin{bmatrix}H_1\\H_2\end{bmatrix}=\begin{bmatrix}Q_1\\Q_2\end{bmatrix}+\begin{bmatrix}\frac{1}{Z_0}H_0-Q_{01}\\ \frac{1}{Z_0}H_0-Q_{02}\end{bmatrix} \tag{2.2.33}$$

和其他元素矩阵方程一样，水力阻抗也是水轮机组元素矩阵方程中最主要的参数。对于一个特定的时间点 t，导叶开度总是一定的，所以 Q_0 也可以认为是 H_0 的函数，或者说是 H_0 的因变量。因此如果转速不变，一般可在实际的水力过渡过程计算分析中，认为水轮机的水力阻抗 Z_0 仅为水头 H_0 的函数。但在过渡过程工况中，转速也是变量。水轮机的水力阻抗是由水轮机特性曲线决定的，这些曲线实际上也会随转速的变化而变化，所以水力阻抗不但可以表达为流量和转速的函数，也可以表达为水头和转速的函数。

对于混流式水轮机而言，只要水头与转速在正常范围内变化，其水力阻抗总是大于零的。

2.2.2.3 水库元素矩阵

在结构矩阵法中，将所有的系统边界当作一个元素来处理，就可以使系统的边界节点变成系统的内节点。水库作为一个其他求解方法中的边界条件，也就变成了结构矩阵法的系统内节点，可当作一个元素进行处理。当把进出水库的水头损失也考虑在内时，水库的元素矩阵中水位 H_R 是一个输入的给定值。

$$\begin{bmatrix}-\frac{1}{Z_0}\end{bmatrix}H_n=Q_R+\left(-Q_{0R}+\frac{k\,|Q_{0R}|\,Q_{0R}-H_R}{Z_0}\right) \tag{2.2.34}$$

式中：Z_0 为水库水力阻抗；k 为水库进出流的水头损失系数；Q_R 为水库出流流量；Q_{0R} 为前次迭代计算中已算出的水库出流流量；H_n 为水库水位节点水头。

由式（2.2.34）可见，水库是一个单端点元素。

2.2.2.4 系统矩阵的构建

结构矩阵法建模的最后一步是构建系统矩阵。有了系统中各种元素的元素矩阵，构

建系统矩阵就变成一件很容易的事。首先对系统中所有节点从 1 开始进行自然数编号，同时，也需要对系统中所有元素按从 1 开始进行自然数编号。按照自然数编号构建成的系统矩阵具有以下特点：

（1）系统矩阵的维数与这个系统的节点数相同。例如一个系统有 n 个节点，那么这个系统的系统矩阵必定是 $n\times n$ 矩阵。

（2）系统矩阵与元素矩阵类似，也是一个关于主对角线对称的矩阵。

系统构成后的一般形式如下：

$$[E]\vec{H}=\vec{Q}+\vec{C} \tag{2.2.35}$$

如果系统所有的边界点都用边界元素表示，例如水库元素，那么这个边界点就变成了系统的一个内节点。当一个系统中只有内节点，那么根据内点流量和为零的原理，式（2.2.35）可改写为

$$[E]\vec{H}=\vec{C} \tag{2.2.36}$$

2.2.2.5 系统矩阵的求解

虽然建立系统矩阵方程并不困难，但求解过程却不仅仅是求解系统矩阵方程那么简单。对于线性矩阵方程，现有众多用于求解该类方程的成熟的子程序，可以直接调用进行求解。但通过结构矩阵法构建的系统矩阵方程求解时，需要获得原非线性系统真正的解，然后通过迭代计算一步步逼近。

系统矩阵中的非零元都是来自于系统中各元素的元素矩阵，而所有元素矩阵中的元均与这个元素的水力阻抗有关。水力阻抗是流经该元素流量或者该元素两端水头差的函数，并不是常数，那么结构矩阵法中的系统矩阵方程只是在形式上是线性的；当矩阵中的元不是常数，而是要求解的节点水头向量和元素流量的函数时，其本质就不再是线性的了。但事实上，不光是结构矩阵法，在计算数学中，通过线性化过程迭代求解非线性系统是一种十分常用的方法。

2.2.3 调压室数学模型

2.2.3.1 调压室的基本方程

1. 连续方程

若调压室上游两岔管出口流量分别为 Q_{Pn} 和 Q_{Pm}，Q_{P1} 为下游管道的流量，Q_{PS} 为调压室流量。假设调压室与管路连接点 P 处的水体是不可压缩的，根据连续性原理，在任何时刻流入节点 P 的流量都等于流出节点 P 的流量，即

$$Q_{Pn}+Q_{Pm}=Q_{P1}+Q_{PS} \tag{2.2.37}$$

在瞬变过程中，调压室水位的变化比较缓慢，因此水流和边壁的弹性可不予考虑。调压室流量与水位 H_{PS} 的关系为

$$A_s\frac{\mathrm{d}H_{PS}}{\mathrm{d}t}=Q_{PS} \tag{2.2.38}$$

2. 动量方程

图 2.2.8 为两根支管的尾水调压室节点示意图。若取图 2.2.8 中调压室底部水平断

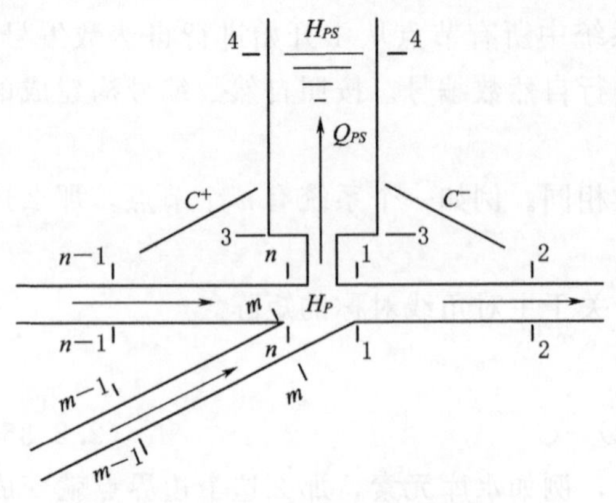

图 2.2.8 尾水调压室节点

面 3—3 与大井内水体自由表面断面 4—4 之间的流体作为控制体，根据动量定律：作用在控制体上外力之和等于控制体内水体动量的变化率。由受力分析可得，沿铅垂方向的力有：作用在水平断面 3—3 的表面正压力 P_3A_s、水平断面 4—4 的表面正压力 $-P_4A_s$、调压室壁面的摩擦力 $-\tau_0\pi D_s l$，以及水体的重力 $\gamma A_s l$。沿铅垂方向控制体内的水体的动量为 $\rho l A_s V_s=\rho l Q_s$。因此，调压室的动量方程为

$$P_3A_s-P_4A_s-\tau_0\pi D_s l-\gamma A_s l=\frac{\mathrm{d}(\rho l Q_s)}{\mathrm{d}t} \tag{2.2.39}$$

式中：A_s 为调压室各断面面积；P_3、P_4 分别为调压室水平断面 3—3、水平断面 4—4 所受的表面正压强；D_s 为调压室内径；l 为调压室水深；Q_s 为调压室水体控制体的流量。

切应力 τ_0 的表达式如下：

$$T_0=\frac{\rho f_s V_s^2}{8}=\frac{\rho f_s Q_s^2}{8A_s^2} \tag{2.2.40}$$

式中：f_s 为调压室沿程阻力系数；Q_s 为调压室水体控制体的流量；A_s 为调压室各断面面积；V_s 为调压室水体控制体的流速；ρ 为液体密度。

式（2.2.39）中的动量变化率可以改写为

$$\frac{D(\rho l Q_s)}{\mathrm{d}t}=\rho\left(Q_s\frac{\mathrm{d}l}{\mathrm{d}t}+l\frac{\mathrm{d}Q_s}{\mathrm{d}t}\right)=\rho\left(\frac{{Q_s}^2}{A_s}+l\frac{\mathrm{d}Q_s}{\mathrm{d}t}\right) \tag{2.2.41}$$

将式（2.2.40）和式（2.2.41）代入式（2.2.39）得到调压室水深 l、水位 H_{PS} 和调压室底部位置高程 Z 的关系为

$$L=H_{PS}-Z \tag{2.2.42}$$

代入式（2.2.41），并在等式两边同除以 γA_s，整理得

$$\frac{L}{gA_s}\frac{\mathrm{d}Q_s}{\mathrm{d}t}=H_3-H_4-\frac{f_s l\,|Q_{PS}|Q_{PS}}{2gD_s{A_s}^2}-\frac{|Q_{PS}|Q_{PS}}{g{A_s}^2} \tag{2.2.43}$$

$$H_3=P_3/\gamma+Z \tag{2.2.44}$$

$$H_4=P_4/\gamma+Z \tag{2.2.45}$$

式中：H_3 为调压室底部的测压管水头；H_4 为调压室水面的测压管水头；式（2.2.43）右边第三、第四项中采用绝对值符号是考虑到调压室中水流方向的变化；式（2.2.43）右边最后一项可以看成是由于调压室水位变化产生的附加水头损失，该项在压力隧洞较短时，对分析调压室的稳定性具有一定的影响。

2.2.3.2 调压室边界节点控制方程

图 2.2.8 中节点处各参数的控制方程为

$$H_{Pn}=C_{pn}-B_{pn}Q_{Pn} \tag{2.2.46}$$

$$H_{Pm}=C_{pm}-B_{pm}Q_{Pm} \tag{2.2.47}$$

$$H_{P1}=C_{m1}+B_{m1}Q_{P1} \tag{2.2.48}$$

$$H_{Pn}=H_{Pm}=H_{P1}=H_P \tag{2.2.49}$$

$$H_P=H_{PS}+R_S\left|Q_{PS}\right|Q_{PS} \tag{2.2.50}$$

$$A_s\frac{\mathrm{d}H_{PS}}{\mathrm{d}t}=Q_{PS} \tag{2.2.51}$$

式中：R_S 为水流进出阻抗孔口的水头损失系数。

依据《水电站调压室设计规范》(DL/T 5058—1996)，对于阻抗式调压室而言，通过阻抗孔口的水头损失 h_c 值，可通过公式 $h_c=\frac{1}{2g}\left(\frac{Q}{\phi S}\right)^2$ 近似计算得出，其中 ϕ 为阻抗孔流量系数，计算时通常可在 0.60～0.80 之间选择；S 为阻抗孔有效过流断面面积；Q 为在过渡过程中进出调压室的流量。

根据伯努利方程，水流进出调压室阻抗孔的水头损失亦可表示为

$$H_c=\zeta_{ij}\frac{V_i^2}{2g}=R_s\left|Q_s\right|Q_s \tag{2.2.52}$$

经计算可得

$$R_s=\zeta_{ij}\frac{V_i^2}{2gQ_{PS}^2}=\frac{1}{2g\varphi^2S^2} \tag{2.2.53}$$

$$\Phi=\frac{\left|Q_{PS}\right|\sqrt{\zeta_{ij}}}{\zeta_{ij}V_iS} \tag{2.2.54}$$

式中：ζ_{ij} 为水流在调压室区域的水头损失系数，i 为上游侧，j 为下游侧；V_i 为上游侧平均流速。如水流由引水隧洞流入调压室时，i 为引水隧洞断面，j 为调压室大井断面；水流由调压室流入压力管道时，i 为调压室大井断面，j 为压力管道断面。

2.3　水力过渡过程仿真计算软件

2.3.1　Hysim 4.0 仿真软件平台架构

Hysim 在开发过程中采用了以下较先进的软件开发技术。

(1) 采用了微软最新的 Visual statio 2005～2008 软件开发系统。

(2) 建立在最新的软件基础结构 Framework 2.0～3.5 之上。

(3) ADO 数据库技术。

(4) 利用 OLE Automation 技术来管理计算结果数据和图形输出。

(5) HTML 文件帮助系统。

主功能方框图如图 2.3.1 所示。

在功能块的具体实现上具有以下特点：

(1) 图形用户接口 (GUI) 为用户进行系统设计提供便利，使设计方案可以储存、调用、修改。

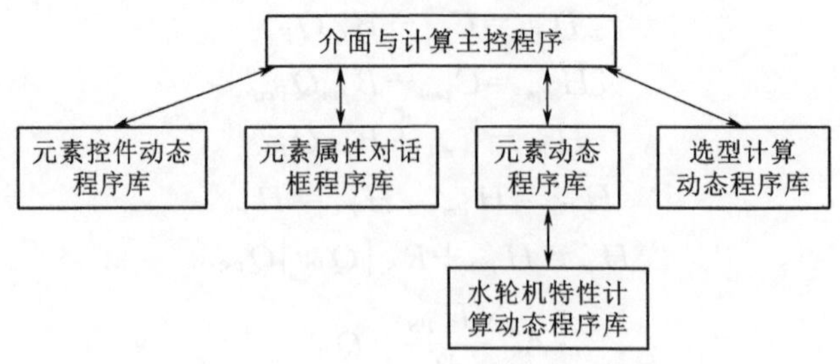

图 2.3.1　Hysim 主功能方框图

(2) 元素图形单元（ElmControls）建立了图形元素和实际计算元素之间的接口，它们的关系是一一对应的。

(3) 元素计算单元（ElmentLibrary）是仿真计算的核心部分。

(4) 元素性质设定（PropertyForms）为用户提供图形接口用以设置计算元素的初值及边界条件。

(5) 数据库（TurbDllNew）为运算元素提供部分数据。

(6) 控制单元（GWMain）为主程序，协调各单元，完成仿真计算功能。

(7) 计算结果输出（Excel/Txt output）为运算输出部分，既可以 Excel 窗口输出，也可以文本方式输出。

Hysim 软件系统结构如图 2.3.2 所示。

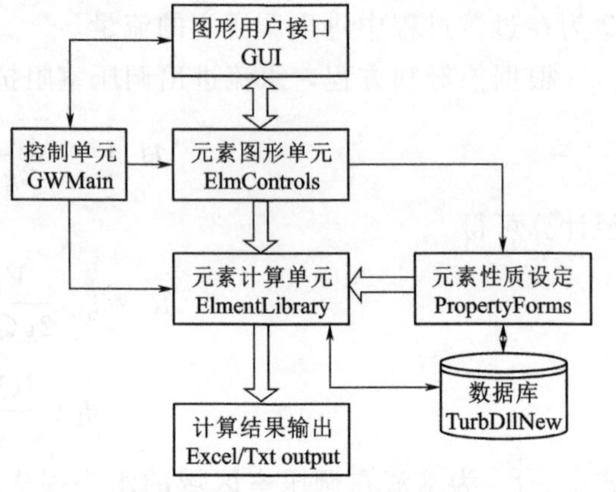

图 2.3.2　Hysim 软件结构简图

2.3.2　软件界面及其功能介绍

2.3.2.1　水力瞬变仿真软件界面

Hysim 软件采用的是视窗界面，软件主要由菜单栏、主要功能模块栏和建模区域组成。在菜单栏中可以对仿真时间、输出时间步长、迭代精度、迭代权系数等计算参数进行设置，同时可选择文本文件和 Excel 文件两种方式来输出计算结果。主要功能模块栏中包含了混流式水轮机、水泵水轮机、冲击式水轮机、水泵、明渠、调压室等各种功能模块，其参数可在建模时进行具体设定。建模区域支持设计人员根据工程具体布置进行图形拖拽建模。Hysim 软件界面如图 2.3.3 所示。

2.3.2.2　水力瞬变仿真软件功能简介

Hysim 软件功能全面，适应性强，适用于水电站瞬变流领域常用的各种调压室型式的水力计算，主要的功能模块如图 2.3.4 所示，功能特点如下：

(1) 支持多种型式的调压室，主要的调压室型式具体如下：简单调压井、阻抗式调压井、差动式调压井、双室式调压井、可溢流调压井、气垫调压室、变断面及斜度的调压斜井、带进流调压井、双联和三联调压室、带共用上室调压室。

(2) 支持调压室动态阻抗系数的计算。该软件支持将调压室阻抗孔（回流孔）动态阻抗系数引入数值分析的功能。在计算中代入流量变化和不同分流比下流量系数，用于

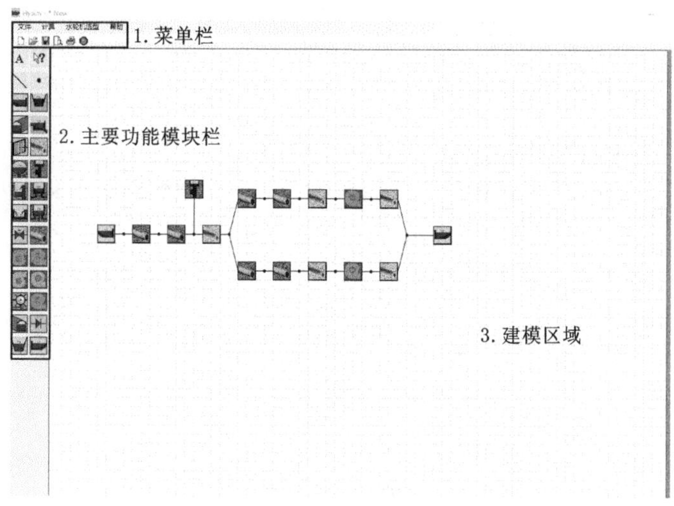

图 2.3.3　Hysim 软件界面图

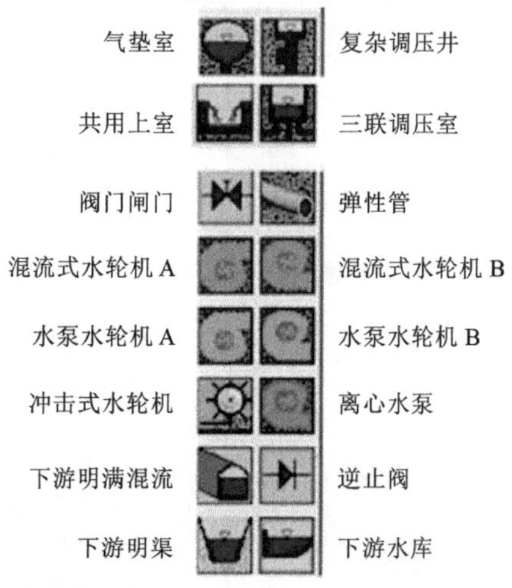

图 2.3.4　软件的主要功能模块简图

瞬变流分析实践工作，大大提高了调压室水力计算精度。

(3) 能进行多层变界面气垫调压室的精确仿真计算，并且具有给定调压室初始水面或给定静态 VP 值的功能，如图 2.3.5 所示。

(4) 调压室水力计算中考虑了调压室内的流速头、井壁糙率的影响等细节因素，提高了调压室水力计算精度。

(5) 适用于混流式水轮发电机组、水泵水轮机发电机组、冲击式水轮发电机组等多种机型，其中冲击水轮机实现了针阀与折向器联动，实现了折向器精确算法。

(6) 支持离心水泵的计算；支持蝶阀、球阀、筒形阀、逆止阀等多种型式的阀门计算。

(7) 可智能生成并绘制水轮机特性曲线。可利用水轮发电机组几个主要的参数，自生成水轮机特性曲线，水轮机特性曲线实现自生成的基本流程是：水轮机的基本特性参数—程序选型设计—机组几何尺寸—程序自动生成原型机组特性曲线。

(8) 研发了局域电网模块。在传统瞬变流软件基础上，研发了局域电网模块，可以较为真实地模拟水轮发电机组在实际局域电网中的运行情况，初步实现了瞬变流水一机一电的统一。

2.3.3　Hysim 软件使用效果和技术创新

Hysim (Hydraulic Simulation) 软件功能全面，几乎涵盖了水电站过渡过程领域常用的各种水力和机械元素，主要元素见表 2.3.1。

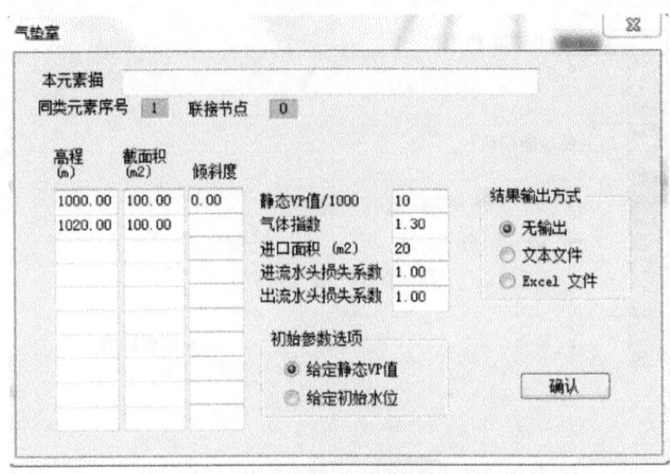

图 2.3.5 气垫式调压室参数输入界面

表 2.3.1 **Hysim 4.0 软件的功能元素列表**

元素类型	包 含 型 式
水库	(1) 单一上游、下游水库； (2) 多个上游、下游水库联合； (3) 水位有规律波动状态水库
管（隧）道	(1) 弹性管（隧）道； (2) 刚性管（隧）道； (3) 明渠（压力前池）； (4) 明满混流管（隧）道
调压室	(1) 简单调压井； (2) 阻抗式调压井； (3) 差动式调压井； (4) 双室式调压井； (5) 变断面及斜度的调压斜井； (6) 带进流调压井； (7) 上部可溢流调压井； (8) 气垫调压室； (9) 双联和三联调压室； (10) 带共用上室调压室
机组	(1) 混流式水轮机 A 型（自动生成特性曲线）； (2) 混流式水轮机 B 型（外部提供特性曲线）； (3) 水泵水轮机 A 型（自动生成特性曲线）； (4) 水泵水轮机 B 型（外部提供特性曲线）； (5) 冲击式水轮机（外部提供特性曲线）
水泵	离心水泵
阀门	蝶阀、球阀、门阀、逆止阀

目前，Hysim 软件系统已通过第三方软件评测，并申请软件著作权，结合工程应用撰写水力过渡过程分析类专题报告 124 篇，发表论文 60 篇，申请专利 30 项，科研立

项12项，讲座及汇报20次，获奖10项，标准化规定及导则3部。软件开发主要成果及创新点如下：

(1) 可估算并绘制水轮机特性曲线。水轮机特性曲线预估实现的基本流程是：水轮机的基本特性参数—计算机选型设计—机组几何尺寸—计算机估算原型机组特性曲线，可以预估水轮机的特性曲线数据，直接应用于过渡过程计算中，这为前期设计项目缺乏机组特性数据条件下的过渡过程计算提供了极大的便利，也颠覆了国内通过水轮机型谱选型的做法。

(2) 研发了电网模块。在传统过渡过程软件基础上，研发了电网模块，改变了以往过渡过程计算中假定、概化电网边界条件的做法，可以较为真实地模拟水轮发电机组在实际电网中的运行情况，初步实现了过渡过程水—机—电的统一。

(3) 该软件首次将结构计算中的结构矩阵法引入水力过渡过程计算中，结构矩阵法是结构杆系计算中的一种计算方法，将该方法引入输水发电系统水力过渡过程中，利用同一节点压力（水头相等）、流量之和为零的特点，实现快速计算，并且该方法更容易实现模块化编程方式，便于二次开发对接。

经多个不同类型水电站工程机组甩负荷原型试验验证，目前该软件系统是国内少数适用于复杂水道系统水电站工程（含抽水蓄能电站）水力过渡过程仿真计算分析的通用软件平台之一，多项技术在国内同类软件平台均属首创，整体达到国内领先水平，具备进一步推广使用价值。该软件与国内外同类过渡过程计算商业通用软件技术指标对比情况见表2.3.2。

表2.3.2　Hysim 4.0软件与国内外同类过渡过程软件对比优势列表

比较内容	Hysim 4.0软件	国内外同类过渡过程软件
软件结构	该软件首次将结构计算中的结构矩阵法引入水力过渡过程计算中。这种方法的优点是在编程实现时，更为便捷和更容易实现模块化，二次开发对接方便	一般其他软件是建立回路水头—压力平衡方程组和节点流量连续方程组基础上的方程组的解法，模块化程度低，二次开发对接不便
特性曲线的生成方式	水轮机特性曲线是水电站水力过渡过程计算中不可缺少的数据。该软件利用水轮机的基本特性参数，可以准确预估水轮机的特性曲线数据，直接应用于过渡过程计算中，这为设计前期或国外项目缺乏机组特性数据条件下的过渡过程计算提供了极大的便利	一般无此功能。一般其他软件是套用其他类似电站的水轮机特性曲线数据进行过渡过程计算
电网模拟功能	在传统过渡过程软件基础上，研发了电网模块，改变了以往过渡过程计算中假定、概化电网边界条件的做法，可以较为真实地模拟水轮发电机组在实际电网中的运行情况，实现了过渡过程水—机—电的统一	一般无此功能。一般其他软件是将电网假定为理想化的孤网和理想化的无穷大网来处理，无法模拟水轮发电机组在实际电网中的真实运行情况
可视化程度	基于Visual Stutio 2005—2008软件开发平台，软件实现了全面的可视化，人机对话界面友好，简洁明确，易学易用，便于商业化推广	一般采用Fortran、C等编程语言，软件可视化程度较低，软件使用便利性较差

续表

比较内容	Hysim 4.0 软件	国内外同类过渡过程软件
计算速度和精度	该软件采用降低矩阵维数和自动变步长的算法，在保证计算精度同时，又极大地提高计算速度	一般采用定维数和定步长的算法。无法解决计算精度和速度的矛盾
软件适用范围	该软件应用范围广，除适用于一般水电站水力过渡过程计算外，还适用于具有明满混流管（隧）道、简单调压井、阻抗式调压井、差动式调压井、双室式调压井、变断面及斜度的调压斜井、带进流调压井、上部可溢流调压井、气垫调压室、双联和三联调压室、带共用上室调压室、混流式水轮机、水泵水轮机、冲击式水轮机等多种水力元素的复杂引水输水系统	其他软件一般只适用于一些简单水道系统的水电站过渡过程计算，通用性较差
后处理方式	该软件利用 OLE Automation 技术来管理计算结果数据和图形输出，使用者可根据需求，适当选择结果输出内容，结果输出简洁清晰	其他软件后处理方式一般较为烦琐，结果输出固定，人性化程度低

3 尾水调压室水力特性

3.1 概述

调压室是设置在压力水道上的关键设施，其通过自由水面（或气垫层）反射水击波，旨在限制水击波进入压力引（尾）水道，同时优化机组运行条件和提高供电品质。调压室的设计有多种水力学型式，包括简单式、阻抗式、水室式和差动式等，每种型式均具备独特的特性和适用范围。其中简单式和阻抗式调压室的特点简述如下：

简单式调压室以其恒定的断面尺寸和简洁的结构著称，具有出色的水击波反射效果。然而，其水位波动振幅较大且衰减缓慢，导致调压室需要较大的容积。在正常运行状态下，引水系统与调压室的连接处会产生显著的水力损失。

相比之下，阻抗式调压室在底部通过较小断面的短管或带小孔口的隔板与隧洞及压力管道相连。这种设计使得进出调压室的水流在阻抗孔口处消耗部分能量，从而有效降低水位波动的振幅，加快其衰减速度。因此，所需的调压室体积相对较小，且正常运行时的水头损失也较低。然而，若阻抗孔面积选择不当，可能导致水击波无法完全反射，进而对压力引水道造成压力波动。

本书以第 1 章所提某水电站为例，针对其简单式和阻抗式调压室的两种布置方案，通过数值模拟方法，深入探讨两种调压室在局部三维流场、水力大波动过渡过程、调压室水位波动幅度、反射水锤性能以及机组运行调节品质等方面的水力特性差异。

3.2 水力设计

3.2.1 稳定断面

3.2.1.1 已知尾水调压室临界断面解析计算公式汇总

虽然在上一章节中已对已知的解析公式作了简要的讨论，但为了便于本节中将要进行的分析比较，特汇总于下：

Thoma（1910 年）原始公式：

$$A_s > A_{th} = \frac{LA_t}{2g\alpha(H_r - H_{w0})} \tag{3.2.1}$$

考虑了过井流速水头的 Calame - Gaden（1927 年）上游调压室修正公式：

$$A_{th} = \frac{LA_t}{2g\left(\alpha + \frac{1}{2g}\right)(H_r - h_{w0} + 2h_v)} \tag{3.2.2}$$

考虑水轮机效率特性的 Gaden（1927 年）修正公式：

$$A_{th}=\frac{LA_t}{2g\alpha(H_r-h_{w0})}\left(1-1.5\frac{P_0}{\eta_0}\frac{d\eta}{dP}\right) \tag{3.2.3}$$

考虑水轮机效率特性的 Evangelisti（1954 年）修正公式：

$$A_{th}=\frac{LA_t}{2g\alpha(H_r-h_{w0})}\delta \tag{3.2.4}$$

《水利水电工程调压室设计规范》（SL 655—2014）中推荐使用的尾水调压室主要公式：

$$A_{th}=\frac{LA_t}{2g\alpha(H_r-h_{w0}-3h_{wm})} \tag{3.2.5}$$

刘启钊与彭守拙在《水电站调压室》一书中推导的尾水调压室修正公式：

$$A_{th}=\frac{LA_t}{2g\alpha(H_r-h_{w0}-3h_{wm})} \tag{3.2.6}$$

3.2.1.2 *尾水调压室稳定临界断面理论公式*

报告建立的在理想孤网运行条件下用于作调压室小波动稳定分析的整体数学模型是一个以传递函数表示的 4 阶动态模型。一个闭环系统传递函数的分母即为该系统的特征多项式，因此该系统的特征方程式为

$$C_4s^4+C_3s^3+C_4s^4+C_1s+C_0=0 \tag{3.2.7}$$

如果假定调速器为理想调速器，即可令 $b_t'=0$，$b_p=0$，$T_d=0$，系统的特征方程式由四次变为二次：

$$C_2s^2+C_1s+C_0=0 \tag{3.2.8}$$

其中

$$C_0=Q_y[1-(k_1+k_2)\delta]$$

$$C_1=k_1(1-k_2\delta)T_gQ_y-\delta T_wQ_y$$

$$C_2=(1-k_2\delta)T_eT_gQ_y$$

根据 Routh - Hurwiz 稳定判据，对于一个二阶系统，系统稳定应满足的充分必要条件是特征多项式的三个系数均大于零：$C_0>0$，$C_1>0$，$C_2>0$。

通过对定义的无量纲参数 k_1、k_2 的分析可知，在一般的水电站中它们的值都远小于 1。而在第 4 章的分析中将要了解到 δ 是一个 1.1 到 1.3 左右的值，因此式（3.2.8）中对 $C_0>0$ 和 $C_2>0$ 两个条件的满足是不成问题的。可以断言，系统的稳定只要满足 $C_1>0$ 就可以了。该系统稳定的临界条件为 $C_1=0$，即

$$k_1(1-k_2\delta)T_g-\delta T_w=0 \tag{3.2.9}$$

从式（3.2.9）不难推出调压室临界稳定断面计算公式为

$$F_{th}=\frac{Lf}{2g\alpha\left(\dfrac{1}{\delta}-k_2\right)H_0'} \tag{3.2.10}$$

式中：H_0'为水轮机工作净水头（由于新规范中符号 H_0 表示发电最小毛水头，为避免表达符号冲突，水轮机工作净水头用符号 H_0'表示）。

根据对 k_2、k_3 的定义，式（3.2.10）可整理为

$$F_{th}=\frac{Lf}{2g\alpha\left[\frac{H_r}{\delta}-\frac{h_{w0}}{\delta}-\left(2+\frac{1}{\delta}\right)h_{wm}\right]} \tag{3.2.11}$$

其中
$$\delta=\frac{1+e_h}{1+e_q}$$
$$e_h=\frac{\partial\eta}{\partial H}\frac{H_0}{\eta_o}$$
$$e_q=\frac{\partial\eta}{\partial Q}\frac{Q_0}{\eta_o}$$

式中：L 为压力尾水道长度；f 为压力尾水道断面面积；H_r 为水轮发电机组工作毛水头（$H_r=H_0'+h_{w0}+h_{wm}$，不同的水轮机工作净水头 H_0'对应的水轮机效率相关项系数 δ 值不同，计算时需比较不同的水轮机工作净水头下 $H_0'-\delta$ 的对应组合，选取调压室临界稳定断面积计算值最大的 $H_0'-\delta$ 组合）；α 为自调压室至下游水库水头损失系数，$\alpha=h_{w0}/v^2$，（包括局部水头损失与沿程水头损失），s^2/m；v 为压力尾水道平均流速，m/s；h_{w0} 为压力尾水道水头损失，m；h_{wm} 为调压室上游压力管道总水头损失（包括压力管道和尾水管延伸段水头损失），m；δ 为水轮机效率相关项；e_h 为水轮机相对效率对相对水头的变化率；H_0 为水轮发电机组额定水头；e_q 为水轮机相对效率对相对流量的变化率；Q_0 为水轮发电机组额定流量。

式（3.2.11）就是目前较为完整的调压室稳定断面临界值的公式——尾水调压室临界断面的理论公式。

在设计前期，无法取得水轮机效率特性的情况下，为偏安全计，水轮发电机组工作毛水头 H_r 可用发电最小毛水头 H_0 代替，这样修正公式（3.2.11）的表达式变换为

$$F_{th}=\frac{Lf}{2g\alpha\left[\frac{H_0}{\delta}-\frac{h_{w0}}{\delta}-\left(2+\frac{1}{\delta}\right)h_{wm}\right]} \tag{3.2.12}$$

水轮机效率相关项系数 δ 的值可用以下经验公式计算：

$$\delta=0.0009n_s+1.044$$

或

$$\delta=0.0029n_q+1.044$$

式中：n_s、n_q 均为机组比转速。

3.2.2 尾水调压室临界断面理论计算公式的兼容性

尾水调压室临界断面理论计算公式与 Thoma 基本公式和其他主要修正公式是兼容的，具体证明如下。

1. 与 Thoma 基本公式的兼容性

（1）在理想水轮机下，水轮机效率为常数，$e_q=0$，$e_h=0$，即得 $\delta=1$。

（2）忽略调压室下流速头的影响，相当于假定 f_c 趋向于无穷大，于是 $h_v=0$，$\frac{1}{2g\omega}=0$。

（3）不计压力管道内水头损失，有 $h_{wm}=0$。

将以上条件应用于式（3.2.11）得

$$F_{th}=\frac{Lf}{2g\alpha(H_r-h_{w0})} \tag{3.2.13}$$

即尾水调压室临界断面理论公式与 Thoma 基本公式兼容。

2. 与 Evangelisti 修正公式的兼容性

（1）忽略调压室下流速水头的影响，相当于假定 f_c 趋向于无穷大，于是 $h_v=0$，$\frac{1}{2g\omega}=0$。

（2）不计压力管道内水头损失，有 $h_{wm}=0$。

将以上条件应用于式（3.2.11）得

$$F_{th}=\frac{Lf}{2g\alpha(H_r-h_{w0})}\delta \tag{3.2.14}$$

即尾水调压室临界断面理论公式与 Evangelisti 修正公式兼容。

3. 与刘启钊《水电站调压室》一书中推导的尾水调压室修正公式的兼容性

（1）在理想水轮机下，水轮机效率为常数，即 $\delta=1$。

（2）忽略过井断面与引水隧道平均断面的区别，相当于假定 $f=f_c$，于是 $\omega=1$。

（3）忽略调压室下流速头的影响，相当于假定 f_c 趋向于无穷大，于是 $h_v=0$，$\frac{1}{2g\omega}=0$。

将以上条件应用于式（3.2.11）得

$$F_{th}=\frac{Lf}{2g\alpha(H_r-h_{w0}-3h_{wm})} \tag{3.2.15}$$

即尾水调压室临界断面理论计算公式与刘启钊《水电站调压室》中尾水调压室修正公式兼容。

各公式列表比较见表 3.2.1。

表 3.2.1 尾水调压室稳定临界断面修正公式与 Thoma 原始及主要修正公式比较

序号	公式	年份	考虑了井下流速水头的影响	考虑了水轮机效率特性的影响	考虑了井后水道水头损失的影响	考虑了过井断面与隧道断面的差别
1	Thoma 原始公式	1910	—	—	—	—
2	Calame - Gaden 公式	1927	是	—	—	—
3	Gaden 修正公式	1927	—	是，但不完全	—	—
4	Evangelisti 公式	1954	—	是	—	—
5	2014 年规范	2014	—	—	是	—
6	刘启钊与彭守拙公式	1993	—	—	是	—
7	尾水调压室临界断面的理论计算公式	2016	—	是	是	—

3.2.3 尾水调压室稳定临界断面理论公式

从学术的意义上讲，尾水调压室临界断面的理论公式是到目前为止计算调压室稳定临界断面最为严格的解析公式之一。其优点主要有以下三点：

（1）从理论上讲，该公式在推导过程中考虑了水轮机的实际模型，将水轮机效率包含到公式中，比其他公式更为严格。

（2）这个公式虽比其他公式多一两项，但形式上仍然十分简洁。

（3）用这个公式与不用这个公式的区别相差较大，可以高达 30%以上的误差（主要取决于水轮机的效率特性）。

但是对该公式可能存在以下疑问：

（1）该公式与 Evangelisti 修正公式一样在电站设计早期阶段无实用性，因为无法得到与水轮机效率特性有关的参数 δ 的确切值。

（2）通过尾水调压室稳定断面修正公式算出的稳定临界断面比 1996 年规范推荐公式算出的稳定临界断面要大 30%以上，但也存在不少并不满足尾水调压室稳定断面修正公式的调压室在实际运行中并未发生不稳定情况。

事实上，上述两点否定意见都是站不住脚的。首先，δ 并不是有关公式中有不确定因素的唯一参数。事实上，尾水隧道的水头损失系数、压力管道的水头损失系数都有一定的不确定性，不能因为有不确定性就可以不予以考虑。其次，如公式（3.2.16）所示 δ 值并不是毫无规律性的。

$$\delta=\left(\frac{1+\dfrac{H_0}{\eta}\dfrac{\partial\eta}{\partial H}}{1+\dfrac{Q_0}{\eta}\dfrac{\partial\eta}{\partial Q}}\right) \tag{3.2.16}$$

事实上，δ 值与水轮机的比转速存在一定的相关性。1994 年 Norconsult 用数理统计方法来找其中的相关性，并建议在用 Evangelisti 修正公式时用以下经验公式取 δ 值：

$$\delta=0.0009\times n_s+1.044$$

或者

$$\delta=0.0029\times n_q+1.044$$

其中比转速 n_s 的定义为：$n_s=\dfrac{NP^{0.5}}{H^{1.25}}$

比转速 n_q 的定义为：$n_q=\dfrac{NQ^{0.5}}{H^{0.75}}$

当然，既然这是一个基于统计数据的经验公式，而且不同厂家的特性在比转速相当的情况下也不完全一致，所以在应用时是会有些误差的。该经验公式从其值上来看是一个大于 1.08 的数并随比转速的增加而增加。而尾水调压室稳定临界断面修正公式涉及调压室小波动理论中的一个重要概念，不应被国内工程界所忽视。

其次，关于有不少不满足尾水调压室临界断面的理论计算公式的调压室在实际运行中运行稳定这种说法不足以否定该公式的实用意义。虽然很多不满足 Thoma 原始公式的电站也都能稳定运行，但这并不能说明 Thoma 公式无实用意义。通过理论推导可以证明，即使是一个具有调压室的电站只与一个局部小电网相连，只要电网中还有其他无调压室的电站在供电，该电网对这个调压室电站就有很大的稳定作用，这个电站调压室实际断面就可以大大小于 Thoma 断面而不会出现不稳定情况。值得强调的是，这并不能成为在一般情况下降低对调压室系统稳定性要求的理由。因为电站设计的基本理念是要求其“独善其身”，也就是说一个电站最好不要在设计时就考虑依赖电网和电网中的其他机组来确保本电站的稳定运行。换言之，设计的电站应在不利的“理想孤网”条件下也满足稳定运行要求。对于电网而言，如果每个电站在单独供电时都很稳定，毫无疑问这个电网稳定度就会提高，否则就会降低。当然，在工程实践较为困难或过于昂贵时，降低一点对调压室稳定性的要求也不是不可以的。考虑到电站运行过程中环境的相对不确定性，本书所推导的尾水调压室临界断面理论公式对于电站小波动运行稳定性具有重要的参考意义。

第一水力单元的调压室稳定断面解析公式计算基础数据见表 3.2.2～表 3.2.4。

表 3.2.2　机前部分计算基础数据

长度/m	当量面积/m^2	水力半径/m	糙率	局部损失系数	k_1/m	k_2/m
26.4	53.29	1.66	0.014	0.737	9.27×10^{-7}	1.32×10^{-5}
23.56	46.57	1.93	0.012	0.15	6.51×10^{-7}	3.53×10^{-6}
48.66	46.57	1.93	0.014	0	1.83×10^{-6}	0
23.56	46.57	1.93	0.012	0.15	6.51×10^{-7}	3.53×10^{-6}
111.25	49.73	1.92	0.014	0.2	3.69×10^{-6}	4.12×10^{-6}
25.2	42.94	1.69	0.012	0.03	9.78×10^{-7}	8.29×10^{-7}

额定流量为 182.1m^3/s，单位流量沿程损失 k_1 和单位流量局部损失 k_2 之和 k 为 3.40×10^{-5}，额定流量时水头损失为 1.13m。

表 3.2.3　机后至尾调部分计算基础数据

长度/m	当量面积/m^2	水力半径/m	糙率	局部损失系数	单位流量沿程损失 k_1	单位流量局部损失 k_2
160.19	51.13	1.89	0.014	1.558	5.140×10^{-6}	3.038×10^{-5}

额定流量为 182.1m^3/s，单位流量沿程损失 k_1 和单位流量局部损失 k_2 之和 k 为 3.55×10^{-5}，额定流量时水头损失为 1.18m。

表 3.2.4　尾调后部分计算基础数据（岔管 62.76m 未列在表中）

长度	当量面积/m^2	水力半径/m	糙率	局部损失	k_1/m	k_2/m	k/m	h_{w0}/m	α
8672.5	141.56	3.22	0.012	2.17	1.311×10^{-5}	5.519×10^{-6}	1.86×10^{-5}	5.56	0.373
8672.5	141.56	3.22	0.0135	1.94	1.659×10^{-5}	4.934×10^{-6}	2.15×10^{-5}	6.60	0.443
8672.5	141.56	3.22	0.014	1.94	1.784×10^{-5}	4.934×10^{-6}	2.28×10^{-5}	6.97	0.468

第一水力单元的调压室稳定断面公式计算主要参数为：

尾水隧洞长（m）：	8672.5 ＋ 62.76		
尾水隧洞平均断面积（m^2）：	141.56		
尾水隧洞糙率	0.012	0.0135	0.014
尾调后总水头损失系数 α	0.373	0.443	0.468
尾调后总水头损失 h_{w0}（m）：	5.56	6.60	6.97
尾调前总水头损失 h_{wm}（m）：	1.12＋1.18＝2.30		

采用调压室设计规范（1996 年）中推荐的公式（尾水调压室）计算：

$$A_{th}=\frac{LA_t}{2g\alpha(H_r-h_{w0}-3h_{wm})}$$

具体工况见表 3.2.5。

表 3.2.5　　工　况　表　一

工况	上游水位/m	下游水位/m	毛水头/m	尾水隧洞长/m	隧洞面积/m^2	隧洞糙率	α	h^*_{w0}/m	h^*_{wm}/m	托马临界断面面积/m^2	实际断面面积/m^2	安全系数
1	1030	961.23	68.77	8672.5	141.56	0.012	0.373	5.56	2.3	2979.14	2979	1.000
2	1030	963.3	66.7	8672.5	141.56	0.012	0.373	5.56	2.3	3092.84	2979	0.963
3	1028	963.3	64.7	8672.5	141.56	0.012	0.373	5.56	2.3	3211.25	2979	0.928
1	1030	961.23	68.77	8672.5	141.56	0.0135	0.443	6.6	2.3	2555.60	2979	1.166
2	1030	963.3	66.7	8672.5	141.56	0.0135	0.443	6.6	2.3	2655.04	2979	1.122
3	1028	963.3	64.7	8672.5	141.56	0.0135	0.443	6.6	2.3	2758.75	2979	1.080
1	1030	961.23	68.77	8672.5	141.56	0.014	0.468	6.97	2.3	2435.39	2979	1.223
2	1030	963.3	66.7	8672.5	141.56	0.014	0.468	6.97	2.3	2530.81	2979	1.177
3	1028	963.3	64.7	8672.5	141.56	0.014	0.468	6.97	2.3	2630.39	2979	1.133

注：均用额定流量算便于比较。由于水头差异，在同一流量下，开度与出力都不相同。

采用 ECIDI/Norconsult 修正公式：

$$A_{th}=\frac{LA_t}{2g\alpha\left[\frac{H_r}{\delta}-\frac{h_{w0}}{\delta}-\left(2+\frac{1}{\delta}\right)h_{wm}\right]}$$

在水轮机特性不确定时，机组在额定净水头下接近满开度运行时可以用以下经验公式取 δ 近似值：

$$\delta=0.0009n_s+1.044=1.3$$

具体工况见表 3.2.6。

表 3.2.6　　工　况　表　二

工况	上游水位/m	下游水位/m	毛水头/m	尾水隧洞长/m	隧洞面积/m^2	隧洞糙率	α	h^*_{w0}/m	h^*_{wm}/m	托马临界断面面积/m^2	实际断面面积/m^2	安全系数
1	1030	961.23	68.77	8672.5	141.56	0.012	0.373	5.56	2.3	3970.19	2979	0.750
2	1030	963.3	66.7	8672.5	141.56	0.012	0.373	5.56	2.3	4125.66	2979	0.722

续表

工况	上游水位/m	下游水位/m	毛水头/m	尾水隧洞长/m	隧洞面积/m²	隧洞糙率	α	h^*_{w0}/m	h^*_{wm}/m	托马临界断面面积/m²	实际断面面积/m²	安全系数
3	1028	963.3	64.7	8672.5	141.56	0.012	0.373	5.56	2.3	4287.89	2979	0.695
1	1030	961.23	68.77	8672.5	141.56	0.0135	0.443	6.6	2.3	3407.35	2979	0.874
2	1030	963.3	66.7	8672.5	141.56	0.0135	0.443	6.6	2.3	3543.46	2979	0.841
3	1028	963.3	64.7	8672.5	141.56	0.0135	0.443	6.6	2.3	3685.72	2979	0.808
1	1030	961.23	68.77	8672.5	141.56	0.014	0.468	6.97	2.3	3247.64	2979	0.917
2	1030	963.3	66.7	8672.5	141.56	0.014	0.468	6.97	2.3	3378.30	2979	0.882
3	1028	963.3	64.7	8672.5	141.56	0.014	0.468	6.97	2.3	3514.93	2979	0.848

注：均用额定流量算便于比较。由于水头差异，在同一流量下，开度与出力都不相同。但计算中又用了相同的 δ 值等同于假定开度相同。因此，这里计算结果只是近似值。

3.2.4 阻抗式调压室水力特性分析

3.2.4.1 稳定运行状态三维流场分析

阻抗式调压室底部的三岔管结构体型复杂，流态紊乱。为深入研究其流场特性，本节采用三维流场数值分析方法，对尾水岔管进行详细研究，旨在揭示流场速度分布规律，并准确计算水头损失，为工程设计与优化提供理论支持。

1. 计算工况

针对尾水岔管稳定运行状态三维流场分析，拟定的计算工况见表 3.2.7。

表 3.2.7 计 算 工 况

计算工况	工 况 说 明
L1	仅 1 号机组运行，单机流量为 183m³/s
L2	仅 2 号机组运行，单机流量为 183m³/s
L3	仅 1 号、2 号机组运行，单机流量均为 183m³/s
L4	仅 1 号、3 号机组运行，单机流量均为 183m³/s
L5	1 号、2 号和 3 号机组全部运行，单机流量均为 183m³/s
L6	1 号机组运行，单机流量为 91.5m³/s

2. 水头损失

不同工况岔管段水头损失计算见表 3.2.8。

表 3.2.8 不同工况岔管段水头损失计算表

工况	水头损失/m	局部水头损失系数	备 注
工况 1	0.382	0.494	1 号支管水损
工况 2	0.133	0.171	2 号支管水损
工况 3	0.263	0.340	1 号支管水损
	0.021	0.028	2 号支管水损
工况 4	0.230	0.297	1 号支管水损
	0.226	0.292	3 号支管水损

续表

工况	水头损失/m	局部水头损失系数	备　注
工况 5	0.244	0.316	1 号支管水损
	0.060	0.078	2 号支管水损
	0.244	0.316	3 号支管水损
工况 6	0.094	0.486	1 号支管水损

注：水头损失系数相对支洞速度水头取值。

由表 3.2.8 可知：两边支洞的水头损失为 0.226～0.382，水头损失系数为 0.292～0.494；中间支洞的水头损失为 0.021～0.133，水头损失系数为 0.028～0.171。水头损失总体而言比较小，表明体型设计流畅合理。工况 4 水头损失最小，表明两侧支洞运行时流态顺畅。工况 1 水头损失最大，表明水流最紊乱。对比工况 6 与工况 1，流量流速减半，局部水头损失系数变化不大，说明局部水头损失系数受体型影响较大，与流速关系较小。

3. 流态分析

选取每种工况的中心水平面，分析流场的流速分布。

由图 3.2.1 可以看出：流速分布总体均匀合理，其中支管弯段流速分布梯度较大。

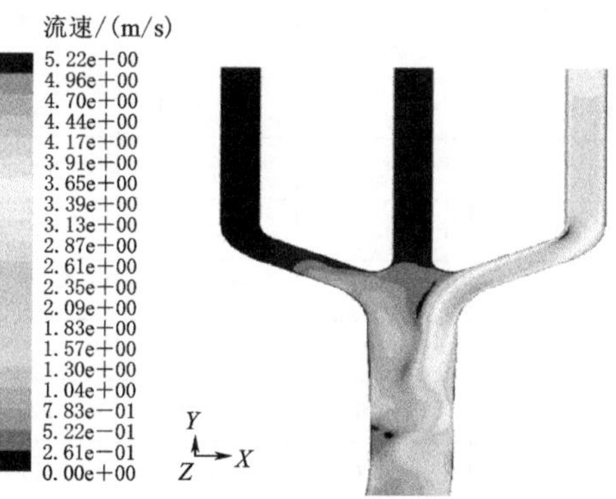

图 3.2.1　流速分布图（工况 1）

3.2.4.2　大波动水力特性计算分析

1. 计算工况

大波动过渡过程计算工况见表 3.2.9。

表 3.2.9　主要过渡过程计算工况参考表

计算工况	上游水位/m	下游水位/m	负荷变化	说　明
D1	1030	961.23	3→0	上游最高发电水位，下游满发水位，三台机额定输出功率运行时事故甩负荷
D2	1030	960.40	3→0	上游最高发电水位，下游 30 年径流系列实测最低平均尾水位，三台机额定输出功率运行时事故甩负荷
D3	1028	961.23	2→3	上游最低发电水位，下游满发水位，两台机正常运行，第三台机开机增至最大输出功率
D4	1028	958.32	0→1	上游最低发电水位，下游半台机发电水位，一台机开机增至最大输出功率
D5	1030	958.32	0.5→0 (50%→0)	上游最高发电水位，下游半台机发电水位，一台机按 50%额定输出功率运行时事故甩负荷
D6	1030	958.77	1→0	上游最高发电水位，下游一台机发电水位，一台机按额定输出功率运行时事故甩负荷

续表

计算工况	上游水位 /m	下游水位 /m	负荷变化	说明
D7	1030	961.23	2→0	上游最高发电水位，下游六台机满发水位，一台机停机时，另两台机额定输出功率运行时事故甩负荷
D8	1030	966.48	3→0	上游最高发电水位，下游10000年一遇洪水位，三台机按最大输出功率运行时事故甩负荷

2. 大波动稳定性分析

根据大波动计算工况，过渡过程计算成果见表3.2.10。

表3.2.10　大波动过渡过程计算成果表

计算工况	蜗壳进口最大压力 /m	尾水管进口最小压力 /m	机组转速 /%	最高涌浪 /m	最低涌浪 /m	引水隧洞最小内压 /m	尾水隧洞最小内压 /m
控制标准	<125.42	>−6.9	≤55	<983.30	>941.1	≥2.0	≥2.0
D1	103.33	7.35	48.8	972.53	943.85	7.98	4.75
D2	103.55	6.73	47.7	971.61	943.24	8.03	4.14
D3	90.71	21.53	—	973.71	964.53	5.56	25.43
D4	90.85	10.42	—	966.25	955.62	5.38	16.52
D5	104.67	12.70	12.7	961.73	954.52	9.0	13.02
D6	104.23	10.83	40.1	964.30	952.12	8.30	13.02
D7	104.10	12.24	44.1	970.26	948.74	8.16	9.64
D8	103.10	12.23	49.1	977.8	948.73	7.88	9.63

由表3.2.10可以看出：大波动计算成果满足控制要求。

3.2.4.3　小波动水力特性计算分析

1. 计算工况

根据小波动计算理论，不考虑电网负荷特性的小波动稳定性分析是偏于保守和安全的。同时，水轮机工作水头越低，小波动稳定性越差；T_w/T_a 越大，小波动稳定性越差。基于以上分析，拟定如表3.2.11所示的两个控制工况。

表3.2.11　小波动工况参考表

计算工况	上游水位 /m	下游水位 /m	初始工况	叠加工况	计算目的
X1	1030	963.30	上游正常蓄水位，下游历史实测最高洪水位，同一水力单元的3台机组均带最大预想负荷	1台机组突减10%额定负荷	对调压室和机组稳定性的影响
X2	1030	961.23	上游正常蓄水位，下游6台机满发尾水位，同一水力单元的3台机组均带额定负荷	1台机组突减10%额定负荷	对调压室和机组稳定性的影响

2. 小波动稳定性分析

小波动计算成果见表 3.2.12。

表 3.2.12　小波动计算成果表

工况	机组最大转速偏差相对值	振荡次数	进入±0.4%频率带宽调节时间/s	调压室水位波动	挪威标准评判
X1	5.7722	0.5	21.8	收敛	极好
X2	5.8034	0.5	22.4	收敛	极好

注： 国外对于小波动亦尚未找到权威的规范，目前掌握到的只有挪威 Norconsult 公司的相关标准。在挪威评判标准中，将小波动调节品质分为四种：①极好，最大转速偏差率小于 0.6 且振荡次数小于 1 且调节时间小于 25s；②好，最大转速偏差率小于 0.7 且振荡次数小于 1.5 且调节时间小于 40s；③一般，最大转速偏差率小于 0.8 且振荡次数小于 3 且调节时间小于 60s；④差，最大转速偏差率大于 0.8 或振荡次数大于 3 或调节时间大于 60s。

从表 3.2.8 可以看出，阻抗式调压室方案的小波动能够稳定。小波动稳定的定义为电站孤立运行，调速器采用频率调节模式，机组出力波动 10%，在水轮机调速器的调节干预下，改变导叶开度，机组转速经过调整后能够在较短时间内恢复到额定值附近，并有较好的动态特性，同时调压室水位波动逐渐趋于稳定。阻抗式调压室方案机组小波动过渡过程中，机组转速进入±0.4%频率带宽调节时间不大于 26s，振荡次数为 0.5 次，调节品质满足中国《机组入网导则》要求的机组转速进入±0.4%频率带宽调节时间不大于 $24T_w$（T_w=3.36s）、振荡次数不大于 2 次的要求。

3.3　尾水调压室稳定分析解析模型

Thoma 公式是在理想水轮机、理想调速器假定下推导出来的，理想水轮机的效率不随水头与水轮机实际流量的变化而变化，始终保持为一个常数。而理想调速器则能始终保持水轮机的出力不变，因此 Thoma 公式是建立在高度理想化的数学模型基础上的。虽然在 Gardel、Evangelisti 和 Gaden 的研究模型中考虑了实际的水轮机特性，但他们都没有改变 Thoma 对调速器的理想化处理。包括 Jeager、Chevalier、Hug、刘启钊和彭守拙等在内的许多知名学者都认为实际的调速器特性对调压室稳定断面的影响不可忽视，但他们也都未能建立起一个包括实际调速器与水轮机特性在内的解析模型，因此不可能对调速器特性对调压室稳定断面的影响作任何系统的分析。本节将结合具体的调速器以及水轮机模型，对调压室临界稳定断面公式做进一步推演。

3.3.1　尾水调压室及水道局部模型

包括尾水调压室在内的水道基本方程分别为调压室连续方程、压力尾水道水流运动方程和压力管道水流运动方程：

$$\frac{\mathrm{d}\overline{Z}}{\mathrm{d}t}=(Q_P-Q_T)/F \tag{3.3.1}$$

$$\frac{\mathrm{d}Q_T}{\mathrm{d}t}=\frac{gf}{L}(\overline{Z}-\beta_T\,|Q_T|Q_T-H_D) \tag{3.3.2}$$

$$H=H_U-\frac{L_P}{gf_P}\frac{\mathrm{d}Q_P}{\mathrm{d}t}-\beta_P|Q_P|Q_P-\overline{Z} \tag{3.3.3}$$

式中：H_U 为上库水位；H_D 为下库水位；H 为水轮机工作净水头；$\overline{Z}$ 为尾水调压室水位；L 为压力尾水道长度；L_P 为压力管道长度；Q_T 为压力尾水道流量；Q_P 为压力管道流量；F 为尾水调压室断面面积；f 为压力尾水道断面面积；f_P 为压力管道断面面积；β_T 为压力尾水道水头损失系数；β_P 为压力管道水头损失系数。

为了简化推导过程，以上基本方程组中忽略了压力引水道部分。

将有关变量作增量化表示，即令

$$\overline{Z}=\overline{Z_0}+\Delta Z$$

则
$$Q_P=Q_0+\Delta Q_P,\quad Q_T=Q_0+\Delta Q_T$$

式中：Q_0 为引水系统稳态时引用流量。

将上式代入式（3.3.1）、式（3.3.2）和式（3.3.3），可得

$$F\frac{\mathrm{d}\Delta Z}{\mathrm{d}t}=\Delta Q_P-\Delta Q_T \tag{3.3.4}$$

$$\frac{\mathrm{d}\Delta Q_T}{\mathrm{d}t}=\frac{gf}{L}[(\overline{Z_0}+\Delta Z)-H_D-\beta_T|Q_0+\Delta Q_T|(Q_0+\Delta Q_T)] \tag{3.3.5}$$

$$H_0+\Delta H=H_U-(\overline{Z_0}+\Delta Z)-\frac{L_P}{gf_P}\frac{\mathrm{d}\Delta Q_P}{\mathrm{d}t}-\beta_P|Q_0+\Delta Q_P|(Q_0+\Delta Q_P) \tag{3.3.6}$$

引入两个参数定义 h_{w0} 和 h_{wm}：

$$h_{w0}=\beta_T Q_0|Q_0|$$
$$h_{wm}=\beta_P Q_0|Q_0|$$

式中：h_{w0} 为尾水系统稳态时压力尾水道水头损失；h_{wm} 为尾水系统稳态时压力管道水头损失。

式（3.3.5）的稳态表达式为

$$H_D=\overline{Z_0}-h_{w0}$$

式（3.3.6）的稳态表达式为

$$H_0=H_U-\overline{Z_0}-h_{wm}$$

消去式（3.3.5）、式（3.3.6）中的稳态平衡量并忽略高阶小量项（即增量平方项），可得

$$\frac{\mathrm{d}\Delta Q_T}{\mathrm{d}t}=\frac{gf}{L}\left(\Delta Z-2h_{w0}\frac{\Delta Q_T}{Q_0}\right) \tag{3.3.7}$$

$$\Delta H=-\Delta Z-\frac{L_P}{gf_P}\frac{\mathrm{d}\Delta Q_P}{\mathrm{d}t}-2h_{wm}\frac{\Delta Q_P}{Q_0} \tag{3.3.8}$$

引入变量相对表达，令

$$z=\frac{\Delta Z}{H_0},\quad h=\frac{\Delta H}{H_0},\quad q_T=\frac{\Delta Q_T}{Q_0},\quad q_P=\frac{\Delta Q_P}{Q_0}$$

将上面引入的相对量代入式（3.3.4）、式（3.3.7）和式（3.3.8），可得

$$FH_0\frac{\mathrm{d}z}{\mathrm{d}t}=Q_0q_P-Q_0q_T \tag{3.3.9}$$

$$Q_0\frac{\mathrm{d}q_T}{\mathrm{d}t}=\frac{gf}{L}(zH_0-2h_{w0}q_T) \tag{3.3.10}$$

$$hH_0=-zH_0-\frac{L_P}{gf_P}Q_0\frac{\mathrm{d}q_P}{\mathrm{d}t}-k_2H_0q_P \tag{3.3.11}$$

引入无量纲系数 k_1、k_2 和 k_3：

$$k_1=\frac{2h_{w0}}{H_0},\quad k_2=\frac{2h_{wm}}{H_0},\quad k_3=\frac{2h_v}{H_0} \tag{3.3.12}$$

同时引入隧洞水流加速时间常数 T_w、压力管道水流加速时间常数 T_e 和调压室积分时间常数 T_g：

$$T_w=\frac{LQ_T}{gfH_0},\quad T_e=\frac{L_PQ_P}{gf_PH_0},\quad T_g=\frac{FH_0}{Q_0}$$

整理式（3.3.9）、式（3.3.10）和式（3.3.11）得

$$T_g\frac{\mathrm{d}z}{\mathrm{d}t}=q_P-q_T \tag{3.3.13}$$

$$T_w\frac{\mathrm{d}q_T}{\mathrm{d}t}=z-k_1q_T \tag{3.3.14}$$

$$h=-z-T_e\frac{\mathrm{d}q_P}{\mathrm{d}t}-k_2q_P \tag{3.3.15}$$

对式（3.3.13）、式（3.3.14）、式（3.3.15）进行拉普拉斯变换，并引入拉普拉斯算子 S，可得

$$T_gzs=q_P-q_T \tag{3.3.16}$$

$$T_wq_Ts=z-k_1q_T \tag{3.3.17}$$

$$h=-z-T_eq_Ps-k_2q_P \tag{3.3.18}$$

联合式（3.3.16）～式（3.3.18）并消去变量 z 和 q_T 得

$$h=-\frac{T_wT_gT_es^3+(k_1T_gT_e+k_2T_wT_g)s^2+(T_w+T_e+k_1k_2T_g)s+(k_1+k_2)}{T_wT_gs^2+k_1T_gs+1}q_P \tag{3.3.19}$$

表达式 $-\frac{T_wT_gT_es^3+(k_1T_gT_e+k_2T_wT_g)s^2+(T_w+T_e+k_1k_2T_g)s+(k_1+k_2)}{T_wT_gs^2+k_1T_gs+1}$ 就是包括调压室在内的尾水道系统压力管道流量与水轮机有效水头之间的传递函数。研究表明，压力管道水流加速时间常数 T_e 对调压室稳定断面影响极小，完全可忽略。因此，式（3.3.19）可简化为

$$h=-\frac{k_2T_wT_gs^2+(T_w+k_1k_2T_g)s+(k_1+k_2)}{T_wT_gs^2+k_1T_gs+1}q_P \tag{3.3.20}$$

式（3.3.19）或式（3.3.20）即为所求的包括调压室在内的尾水道部分局部模型。

3.3.2 水轮机局部模型

水轮机出力、单位流量与单位转速方程分别为

$$P=\rho\eta gHQ \tag{3.3.21}$$

$$Q_{11}=Q/(D^2H^{0.5}) \tag{3.3.22}$$

$$N_{11}=ND/H^{0.5} \tag{3.3.23}$$

式中：ρ 为水的密度；η 为水轮机效率；H 为水轮机工作水头；Q 为水轮机工作流量；D 为水轮机转轮名义直径；N 为水轮机转速；Q_{11} 为水轮机单位流量；N_{11} 为水轮机单位转速。

式（3.3.21）中的水轮机效率 η 为流量 Q 与水头 H 的二元函数。该式为可导的非线性函数。在稳态点 P_0 附近对该式作 Taylor 级数展开，并把二次和二次以上的级数项用符号 $\varepsilon(\Delta^2)$ 表达，该式可写为

$$\begin{aligned}P&=P_0+\left(\frac{\partial P}{\partial H}\right)_0\Delta H+\left(\frac{\partial P}{\partial Q}\right)_0\Delta Q+\left(\frac{\partial P}{\partial \eta}\right)_0\left(\frac{\partial \eta}{\partial H}\right)_0\Delta H+\left(\frac{\partial P}{\partial \eta}\right)_0\left(\frac{\partial \eta}{\partial Q}\right)_0\Delta Q+\varepsilon(\Delta^2)\\&=P_0+\rho g\eta_0 Q_0\Delta H+\rho g\eta_0 H_0\Delta Q+\rho gH_0Q_0\left(\frac{\partial \eta}{\partial H}\right)_0\Delta H+\rho gH_0Q_0\left(\frac{\partial \eta}{\partial Q}\right)_0\Delta Q+\varepsilon(\Delta^2)\end{aligned} \tag{3.3.24}$$

忽略二次和二次以上的级数项 $\varepsilon(\Delta^2)$，并引入以下相对变量：

$$P=\frac{\Delta P}{P_0}$$

$$h=\frac{\Delta H}{H_0}$$

$$q=\frac{\Delta Q}{Q_0}$$

式中：P 为相对出力增量；h 为相对水头增量；q 为相对流量增量。

同时引入相对化偏导参数：

$$e_h=\frac{\partial\eta}{\partial H}\frac{H_0}{\eta_0}$$

$$e_q=\frac{\partial\eta}{\partial Q}\frac{Q_0}{\eta_0}$$

式中：e_h 为相对效率对相对水头变化率；e_q 为相对效率对相对流量变化率。

水轮机出力方程的级数展开式（3.3.24）可简化为以下方程：

$$P=(1+e_q)q+(1+e_h)h \tag{3.3.25}$$

由式（3.3.22）、式（3.3.23）解出 Q 得

$$Q=Q_{11}(N_{11},Y)D^2H^{0.5}=Q_{11}(ND/H^{0.5},Y)D^2H^{0.5} \tag{3.3.26}$$

式（3.3.26）表明，流量为 H、Y 和 N 的函数。对该函数在 Q_0 附近对该式作 Taylor 级数展开：

$$Q=Q_0+\left(\frac{\partial Q}{\partial H}\right)_0\Delta H+\left(\frac{\partial Q}{\partial Y}\right)_0\Delta Y+\left(\frac{\partial Q}{\partial N}\right)_0\Delta N$$

$$+\frac{1}{2}\left[\left(\frac{\partial^2 Q}{\partial^2 H}\right)_0(\Delta H)^2+\left(\frac{\partial^2 Q}{\partial^2 Y}\right)_0(\Delta Y)^2+\left(\frac{\partial^2 Q}{\partial^2 N}\right)_0(\Delta N)^2\right]$$

$$+\left[\left(\frac{\partial^2 Q}{\partial H\partial Y}\right)_0\Delta H\Delta Y+\left(\frac{\partial^2 Q}{\partial Y\partial N}\right)_0\Delta Y\Delta N+\left(\frac{\partial^2 Q}{\partial N\partial H}\right)_0\Delta N\Delta H\right]$$

$$+\cdots$$

把上式中的二次和二次以上的级数项用符号 $\varepsilon(\Delta^2)$ 表达，并写成增量式：

$$\Delta Q=\left(\frac{\partial Q}{\partial H}\right)\Delta H+\left(\frac{\partial Q}{\partial Y}\right)\Delta Y+\left(\frac{\partial Q}{\partial N}\right)_0\Delta N+\varepsilon(\Delta^2) \tag{3.3.27}$$

上式中的偏导数可由式（3.3.26）求出：

$$\left(\frac{\partial Q}{\partial H}\right)_0=0.5Q_{11}(N_0D/H_0^{0.5},Y_0)D^2H_0^{-0.5}-0.5ND^3/H_0\frac{\partial Q_{11}}{\partial N_{11}}$$

$$\left(\frac{\partial Q}{\partial Y}\right)_0=D^2H_0^{0.5}\frac{\partial Q_{11}}{\partial Y}$$

$$\left(\frac{\partial Q}{\partial N}\right)_0=\frac{\partial Q_{11}}{\partial N_{11}}\frac{\partial N_{11}}{\partial N}D^2H_0^{0.5}=D^3\frac{\partial Q_{11}}{\partial N_{11}}$$

令

$$Q_n=-\frac{\partial Q_{11}}{\partial N_{11}}\frac{(N_{11})_0}{(Q_{11})_0}$$

$$Q_y=\frac{\partial Q_{11}}{\partial Y}\frac{Y_0}{(Q_{11})_0}$$

式中：Q_n 为水轮机转速—流量自调节系数；Q_y 为水轮机开度对流量的传递系数。

将 Q_n、Q_y 代入上面三式中得

$$\left(\frac{\partial Q}{\partial H}\right)_0=0.5Q_0/H_0+0.5Q_nQ_0/H_0$$

$$\left(\frac{\partial Q}{\partial Y}\right)_0=Q_0Q_y/Y_0$$

$$\left(\frac{\partial Q}{\partial N}\right)_0=-Q_0Q_n/N_0$$

将以上三式代入式（3.3.27）得

$$\Delta Q=Q_0\left[0.5(1+Q_n)\frac{\Delta H}{H_0}+Q_y\frac{\Delta Y}{Y_0}-Q_n\frac{\Delta N}{N_0}\right]+\varepsilon(\Delta^2) \tag{3.3.28}$$

忽略上式中的高阶项 $\varepsilon(\Delta^2)$，并引入两个新的相对变量：

$y=\frac{\Delta Y}{Y_0}$，$n=\frac{\Delta N}{N_0}$则可得

$$q=0.5(1+Q_n)h+Q_yy-Q_nn \tag{3.3.29}$$

研究发现，水轮机转速—流量自调节系数 Q_n 对调压室稳定断面的影响极其轻微，可以忽略不计。因此上式可进一步简化为

$$q=0.5h+Q_yy \tag{3.3.30}$$

将上式与式（3.3.25）联立，得到水轮机部分局部模型：

$$\begin{cases} p=(1+e_q)q+(1+e_h)h \\ q=0.5h+Q_y y \end{cases} \tag{3.3.31}$$

3.3.3　发电机及负载局部模型

3.3.3.1　理想电网假设

当发电机并网之后，发电机与电网就连成一体，建立发电机局部模型就不能不考虑电网。但由于电网的高度复杂性与时变性，建立一个包括电网在内的严格模型几乎是不可能的，因此有必要对电网作一定的理想化的简化，可以有（但不限于）以下三种情况。

（1）理想孤网假定，具体如下：

1）电网中除了本发电机组之外，无其他发电机组。

2）无电动机等会增加电网等效转动惯量的负荷。

3）电网负荷不随电网频率的变化而变化。

（2）理想局域电网假定，具体如下：

1）电网中可以有其他水、火发电机组，也可以有电动机等可以增加电网总转动惯量的负荷。为防止各发电机之间的负荷串动，所有并网的其他发电机组均作有差调频运行。

2）其他发电机组所在电站无调压室。

（3）理想大电网假定，具体是：该机组在大电网所占比例极小，机组出力波动不会影响电网频率。

上面的三种理想化的电网中，第三种情况下根本不存在调压室不稳定的问题，因此没有研究的必要。而第二种情况虽然也作过深入的研究，但由于实际局域电网特性的时变性很强，因此研究成果的普适性相对较差。孤网状态下调压室稳定断面面积最大，因此该研究只着重介绍对第一种情况的研究成果。

3.3.3.2　理想孤网条件下的发电机及负荷局部模型

发电机组转动部分运动方程、水轮机做功方程和负荷阻力矩方程分别为

$$J\frac{\mathrm{d}\omega}{\mathrm{d}t}=M_t-M_g \tag{3.3.32}$$

$$P=M_t\omega \tag{3.3.33}$$

$$W=M_g\omega \tag{3.3.34}$$

式中：P 为机组出力；W 为电网负荷；ω 为机组角速度；M_t 为水轮机主动力矩；M_g 为机组总负荷力矩。

以上方程组中，忽略了发电机自身功率损失。对式（3.3.32）～式（3.3.34）在稳态点 P_0 附近对变量作增量表达：

$$M_t=M_{t0}+\Delta M_t,\quad M_g=M_{g0}+\Delta M_g,\quad \omega=\omega_0+\Delta\omega,\quad P=P_0+\Delta P$$

由于在稳态点有 $P_0=M_{t0}\omega_0$，主动力矩与负荷力矩平衡，即 $M_{t0}=M_{g0}$，因此有

$$J\omega_0 \frac{\mathrm{d}\dfrac{\Delta\omega}{\omega_0}}{\mathrm{d}t}=\Delta M_t-\Delta M_g \tag{3.3.35}$$

$$\Delta P=M_{t0}\Delta\omega+\Delta M_t\omega_0+\Delta\omega\Delta M_t \tag{3.3.36}$$

$$W=M_{g0}\omega_0+\Delta M_g\omega_0+M_{g0}\Delta\omega \tag{3.3.37}$$

引入相对变量有

$$n=\frac{\Delta\omega}{\omega_0},\quad m_t=\frac{\Delta M_t}{M_{t0}},\quad m_g=\frac{\Delta M_g}{M_{g0}},\quad p=\frac{\Delta P}{P_0}$$

式（3.3.35）两侧同时除以 $M_0(M_0=M_{t0}=M_{g0})$，得

$$\frac{J\omega_0}{M_0}\frac{\mathrm{d}n}{\mathrm{d}t}=m_t-m_g \tag{3.3.38}$$

定义机组惯性时间常数 $T_a=\dfrac{J\omega_0}{M_0}$且代入上式中，并对两侧进行拉普拉斯变换：

$$T_a sn=m_t-m_g \tag{3.3.39}$$

式中：s 为拉普拉斯算子。

对于式（3.3.36），根据相对变量 p 和 m_t的定义并忽略式中的高阶项可得

$$p=n+m_t \tag{3.3.40}$$

在作系统小波动稳定性分析时，一般都假定电网负荷不变，$W=M_{g0}\omega_0=$常数，因此式（3.3.37）可写为

$$\Delta M_g\omega_0+M_{g0}\Delta\omega=0 \tag{3.3.41}$$

上式两边同时除以 $M_{g0}\omega_0$ 得

$$m_g+n=0 \tag{3.3.42}$$

将式（3.3.39）、式（3.3.40）、式（3.3.42）联立，有

$$\begin{cases} p=n+m_t \\ m_g+n=0 \\ T_a sn=m_t-m_g \end{cases} \tag{3.3.43}$$

求解上述方程组，得出机组转速对水轮机出力的传递函数在不计发电机损耗的情况下为

$$\frac{n(s)}{p(s)}=\frac{1}{T_a s} \tag{3.3.44}$$

式中：$p(s)$ 为 p 的拉氏变换，在文献中也常只用 p 来表达以求简洁；$n(s)$ 为 n 的拉氏变换，在文献中也常只用 n 来表达以求简洁。

当考虑发电机损耗，尤其是计入损耗项中的转速相关损耗时，其传递函数为

$$\frac{n(s)}{p(s)}=\frac{1}{T_a s+E_n} \tag{3.3.45}$$

式中：E_n 为发电机自调节系数。

3.3.4 调速器局部模型

水轮机调速器的型式多种多样，其方程式和传递函数当然也有多种表达形式。当不考虑调速器中的加速度环节和忽略液压放大系统中的对计算结果影响较小的时间常数

时，PI 型软反馈调速器方程可简化为

$$(b_t+b_p)T_d\frac{\mathrm{d}y}{\mathrm{d}t}+b_p y=-T_d\frac{\mathrm{d}n}{\mathrm{d}t}-(n-n_{ref})$$

式中：y 为接力器行程或导叶开度相对值；n_{ref} 为转速给定相对值；b_p 为调速器的永态转差系数；b_t 为暂态转差系数；T_d 为缓冲时间常数。

其传递函数可表达为

$$G_R(s)=\frac{y(s)}{n_{ref}(s)-n(s)}=\frac{T_d s+1}{(b_t+b_p)T_d s+b_p} \tag{3.3.46}$$

式中：$y(s)$ 为 y 的拉氏变换，在文献中也常只用 y 来表达以求简洁；$n_{ref}(s)$ 为 n_{ref} 的拉氏变换，在文献中也常只用 n_{ref} 来表达以求简洁。

3.3.5　系统整体模型

3.3.5.1　带调压室的水轮发电机组开环传递函数

$$\begin{cases} h=-\dfrac{k_2T_wT_gs^2+[T_w+k_1k_2T_g]s+(k_1+k_2)}{T_wT_gs^2+k_1T_gs+1}q_P \\ p=(1+e_q)q+(1+e_h)h \\ q=0.5h+Q_yy \\ \dfrac{n}{p}=\dfrac{1}{T_as} \end{cases} \tag{3.3.47}$$

应用刚性水击理论，可以认为压力管道流量与水轮机流量相等，即 $q_P=q$。整理上面的联立方程组，消去 h、q、p 后可得到带调压室的水轮发电机组的开环传递函数为

$$W(s)=\frac{n}{y}=\frac{b_2s^2+b_1s+b_0}{a_3s^3+a_2s^2+a_1s+a_0} \tag{3.3.48}$$

其中

$$b_2=T_gT_wQ_y[(1+e_q)-k_2(1+e_h)]$$
$$b_1=k_1T_gQ_y[(1+e_q)-k_2(1+e_h)]-T_wQ_y(1+e_h)$$
$$b_0=Q_y(1+e_q)-Q_y(k_1+k_2)(1+e_h)$$
$$a_3=(1+0.5k_2)T_gT_wT_a$$
$$a_2=k_1T_gT_a(1+0.5k_2)+0.5T_wT_a$$
$$a_1=(1+0.5k_1+0.5k_2)T_a$$
$$a_0=0$$

3.3.5.2　带调压室的水轮机调节系统闭环传递函数

为推导方便，令 $b_t'=b_t+b_p$，公式则写为

$$G_R(s)=\frac{y}{n_{ref}-n}=\frac{T_ds+1}{b_t''T_ds+b_p} \tag{3.3.49}$$

调速系统中的转速反馈为单位负反馈，如图 3.3.1 所示。

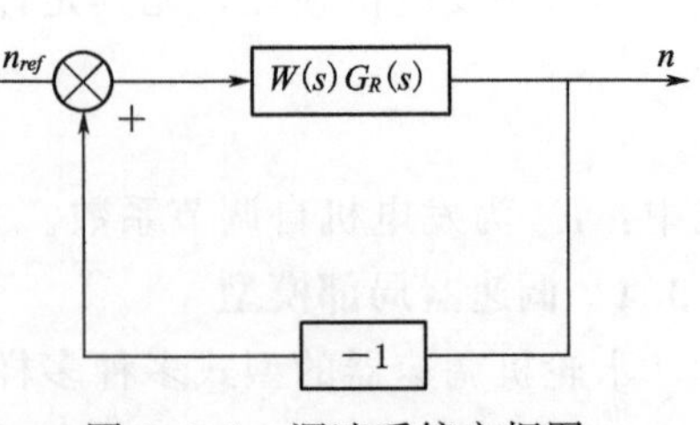

图 3.3.1　调速系统方框图

根据单位反馈系统闭环传递函数计算公式，带调压室的水轮机调节系统闭环传递函数为

$$N(s)=\frac{n}{n_{ref}}=\frac{G_R(s)W(s)}{1+G_R(s)W(s)}=\frac{B_3s^3+B_2s^2+B_1s+B_0}{C_4s^4+C_3s^3+C_2s^2+C_1s+C_0} \tag{3.3.50}$$

其中

$$B_3=[1-k_2\delta]T_dT_gT_wQ_y$$
$$B_2=k_1(1-k_2\delta)T_gT_dQ_y-\delta T_wT_dQ_y+(1-k_2\delta)T_wT_gQ_y$$
$$B_1=[1-(k_1+k_2)\delta]T_dQ_y+k_1(1-k_2\delta)T_gQ_y-\delta T_wQ_y$$
$$B_0=Q_y[1-(k_1+k_2)\delta]$$
$$C_4=\gamma(1+0.5k_2)T_gT_wT_ab_t'T_d$$
$$C_3=[1-k_2\delta]T_dT_gT_wQ_y+k_1(1+0.5k_2)\gamma b_t'T_gT_aT_d+0.5\gamma b_t'T_wT_aT_d+(1+0.5k_2)\gamma b_pT_gT_aT_w$$
$$C_2=k_1[1-k_2\delta]T_gT_dQ_y-\delta T_wT_dQ_y+(1+0.5k_1+0.5k_2)\gamma b_t'T_aT_d+[1-k_2\delta]T_wT_gQ_y+k_1(1+0.5k_2)\lambda b_pT_gT_a+0.5\gamma b_pT_wT_a$$
$$C_1=[1-(k_1+k_2)\delta]T_dQ_y+k_1[1-k_2\delta]T_gQ_y-\delta T_wQ_y+(1+0.5k_1+0.5k_2)\gamma b_pT_a$$
$$C_0=Q_y[1-(k_1+k_2)\delta]$$

在上面的表达式中，用到了两个新的参数 δ 和 γ，其定义分别为

$$\delta=\frac{1+e_h}{1+e_q},\quad \gamma=\frac{1}{1+e_q}$$

式（3.3.50）就是建立在理想孤网运行条件下用作调压室小波动稳定分析的整体数学模型。这个模型用传递函数表达，是一个 4 阶动态模型。

3.4 理想孤网运行假定下的调压室稳定性的数值模型分析

理想孤网假定的目的是为了排除对电网的模拟。其原因很简单：在这种假定前提下分析模型被大大简化，该假定虽然不符合实际，但由于分析成果是偏保守的，所以得到广泛应用。

数值模型中包括了真实的水轮机特性的模拟，而这一点解析公式计算法是做不到的。即使是考虑了水轮机特性作用的 ECIDI/Norconsult 修正公式，水轮机特性也被简化为一个参数 δ 。而且在不少情况下 δ 通常用经验公式获取，而不是根据实际给定的水轮机特性曲线。

数值模型中也包括了水轮机调速系统的模拟。在理想孤网运行假定的前提下，调速器参数在合理范围内变动，对调压室的稳定性影响极小。根据第 5 章中的分析，将调速器参数整定为

$$B_t=0.6,\quad T_d=12\text{s},\quad T_n=1.6\text{s},\quad b_p=0.05$$

为了区别于第一阶段的工况，Norconsult 根据本阶段需要重新定义的工况全部用字母“N”开头。具体工况见表 3.4.1。

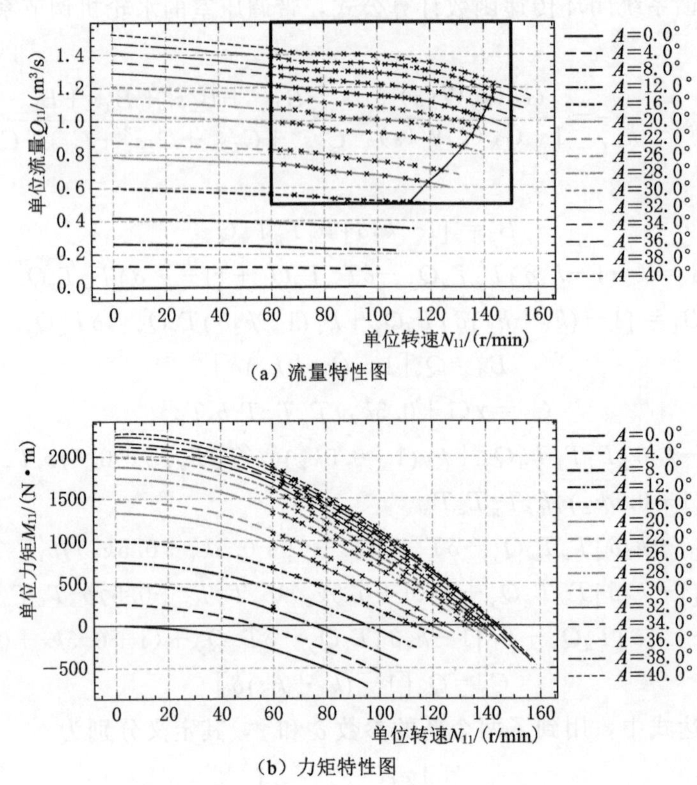

(a) 流量特性图

(b) 力矩特性图

图 3.4.1　根据原特性曲线所得到的外插转换

表 3.4.1　　　　　　　　**具 体 工 况 表**

工况	上游水位/m	下游水位/m	糙率	机组编号	初始出力/MW	初始开度	初始净水头/m	负荷扰动后出力/MW	扰动后导叶开度中间值
NX1	1030	961.23	0.0135	1号	100	0.87	59.8	102	0.89
				2号	102	0.89	59.7	102	0.89
				3号	102	0.89	59.7	102	0.89
NX2	1030	961.23	0.0135	1号	102	0.90	58.95	104	0.93
				2号	104	0.93	58.8	104	0.93
				3号	104	0.93	58.8	104	0.93
NX3	1030	963.3	0.0135	1号	95	0.87	58.2	97	0.89
				2号	97	0.89	58.0	97	0.89
				3号	97	0.89	58.0	97	0.89
NX4	1030	963.3	0.0135	1号	98	0.91	57.4	100	0.94
				2号	100	0.94	57.2	100	0.94
				3号	100	0.94	57.2	100	0.94

续表

工况	上游水位/m	下游水位/m	糙率	机组编号	初始出力/MW	初始开度	初始净水头/m	负荷扰动后出力/MW	扰动后导叶开度中间值
NX5	1028	961.23	0.0135	1号	95	0.87	58.3	97	0.89
				2号	97	0.89	58.1	97	0.89
				3号	97	0.89	58.1	97	0.89
NX6	1028	961.23	0.0135	1号	98	0.91	57.5	100	0.94
				2号	100	0.93	57.3	100	0.94
				3号	100	0.93	57.3	100	0.94
NX7	1028	963.3	0.0135	1号	90	0.86	56.6	92	0.89
				2号	92	0.88	56.4	92	0.89
				3号	92	0.88	56.4	92	0.89
NX8	1028	963.3	0.0135	1号	91	0.88	56.3	93	0.90
				2号	93	0.90	56.2	93	0.90
				3号	93	0.90	56.2	93	0.90
NX9	1028	963.3	0.0135	1号	110	0.94	60.8	112	0.955
				2号	停机	—	—	—	—
				3号	停机	—	—	—	—
NX10	1028	963.3	0.0135	1号	100	0.88	59.3	102	0.90
				2号	100	0.88	59.3	102	0.90
				3号	停机	—	—	—	—
NX2A	1030	961.23	0.014	1号	102	0.92	58.95	104	0.95
				2号	104	0.94	58.8	104	0.95
				3号	104	0.94	58.8	104	0.95
NX2B	1030	961.23	0.014	1号	102	0.87	60.8	104	0.89
				2号	104	0.89	60.7	104	0.89
				3号	104	0.89	60.8	104	0.89

各种工况仿真计算中尾水调压室水位和时间的关系如图 3.4.2～图 3.4.13 所示。

(1) NX1 工况仿真计算。对 NX1 工况仿真计算分析如下：该工况各参数都十分接近额定工况。图 3.4.2 所示的井内水位波动衰减明显，说明在此工况下调压室实际安全系数大于 1.0，调压室是稳定的。机组扰动后导叶开度中间值约为 0.89，此开度下的 δ 值约为 1.03，水轮机特性对调压室稳定性的负面作用微弱。

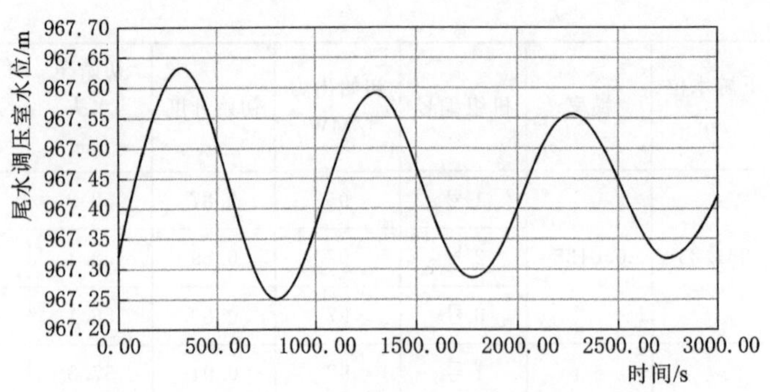

图 3.4.2　NX1 工况仿真计算

（2）NX2 工况仿真计算。对 NX2 工况仿真计算分析如下：该工况出力小超额定出力 2%，但未到最大出力（开度仍有 7%裕量）。图 3.4.3 显示的井内水位波动扩散，说明在此工况下调压室实际安全系数小于 1.0，调压室不稳定。机组扰动后导叶开度中间值约为 0.92，此开度下的 δ 值约为 1.15，水轮机特性对调压室稳定性的负面作用较强。

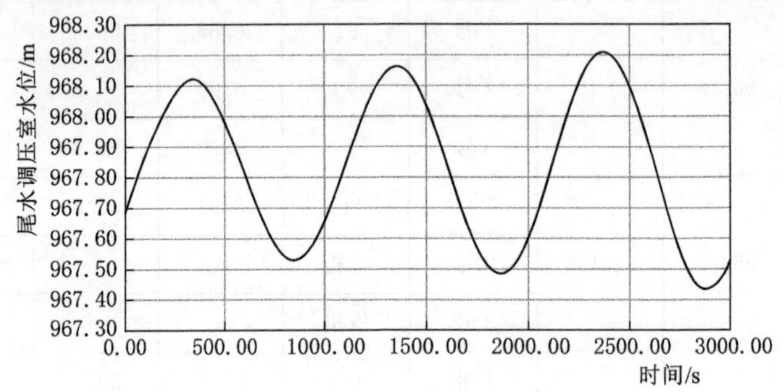

图 3.4.3　NX2 工况仿真计算

（3）NX3 工况仿真计算。对 NX3 工况仿真计算分析如下：该工况出力低于额定工况约 5%。图 3.4.4 所示的井内水位波动衰减明显，说明在此工况下调压室实际安全系数大于 1.0，调压室是稳定的。机组扰动后导叶开度中间值约为 0.89，此开度下的 δ 值约为 1.03，水轮机特性对调压室稳定性的负面作用微弱。

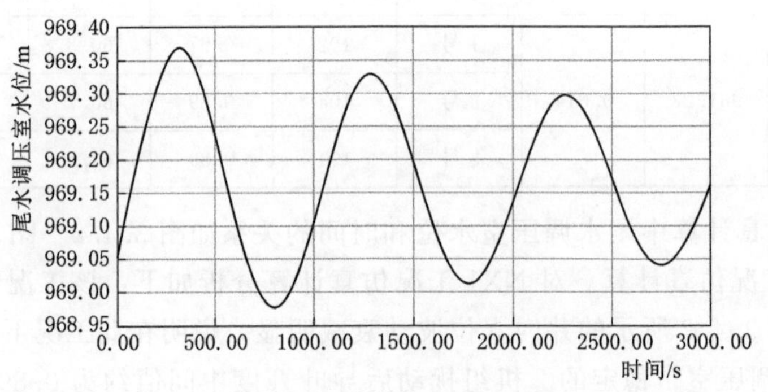

图 3.4.4　NX3 工况仿真计算

(4) NX4 工况仿真计算。对 NX4 工况仿真计算分析如下：该工况出力小于额定工况约 2%，但已出现不稳定。图 3.4.5 显示的井内水位波动扩散迅速，说明在此工况下调压室实际安全系数小于 1.0。机组扰动后导叶开度中间值约为 0.94，此开度下的 δ 值大于 1.2，水轮机特性对调压室稳定性的负面作用强劲。

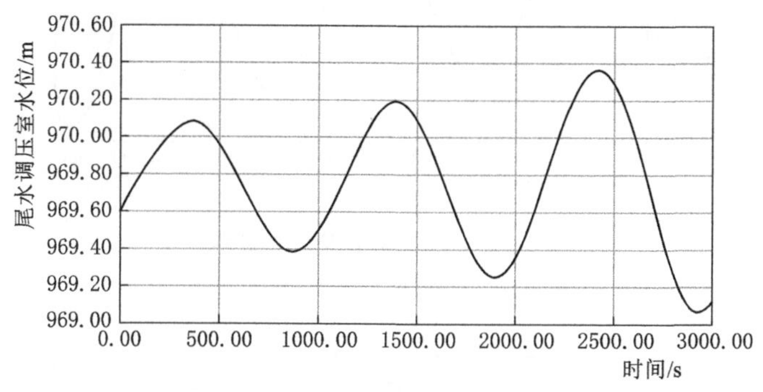

图 3.4.5　NX4 工况仿真计算

(5) NX5 工况仿真计算。对 NX5 工况仿真计算分析如下：该工况出力低于额定工况约 5%。图 3.4.6 所示的井内水位波动衰减明显，说明在此工况下调压室实际安全系数大于 1.0，调压室是稳定的。机组扰动后导叶开度中间值约为 0.89，此开度下的 δ 值约为 1.03，水轮机特性对调压室稳定性的负面作用微弱。

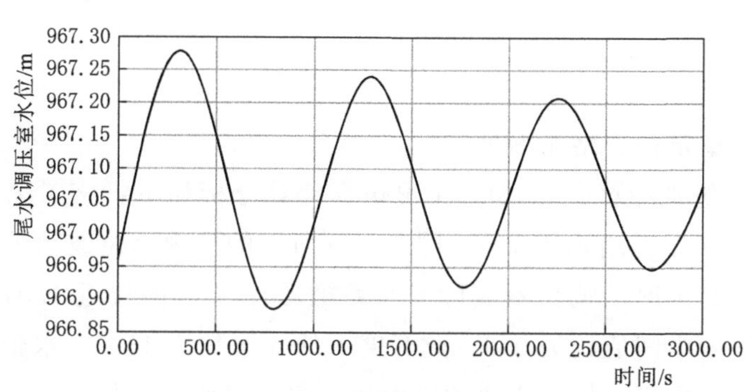

图 3.4.6　NX5 工况仿真计算

(6) NX6 工况仿真计算。对 NX6 工况仿真计算分析如下：该工况出力低于额定工况约 2%。图 3.4.7 所示的井内水位波动衰减明显，说明在此工况下调压室实际安全系数大于 1.0，调压室是稳定的。机组扰动后导叶开度中间值约为 0.94，此开度下的 δ 值大于 1.2，水轮机特性对调压室稳定性的负面作用强劲。

(7) NX7 工况仿真计算。对 NX7 工况仿真计算分析如下：该工况出力低于额定工况约 10%。图 3.4.8 所示的井内水位波动衰减微弱，说明在此工况下调压室实际安全系数接近 1.0，调压室几乎处于临界状态。机组扰动后导叶开度中间值约为 0.89，此开度下的 δ 值约为 1.03，水轮机特性对调压室稳定性的负面作用微弱，但由于水头净水

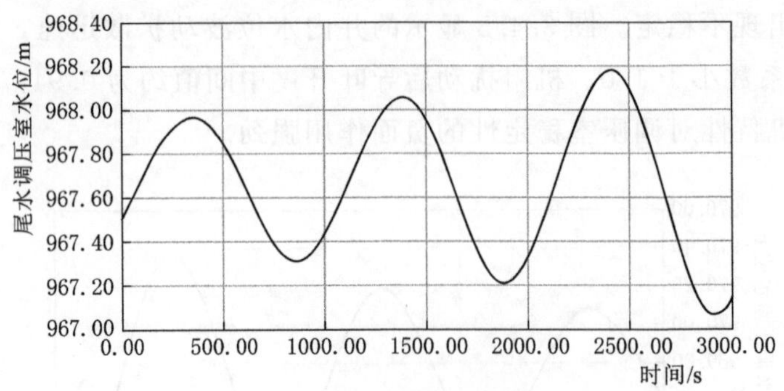

图 3.4.7　NX6 工况仿真计算

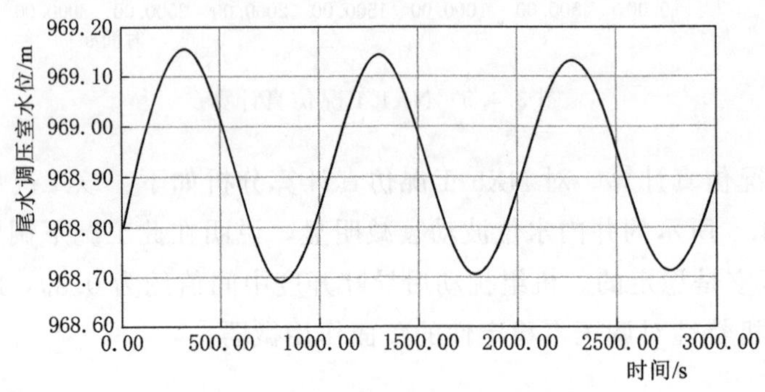

图 3.4.8　NX7 工况仿真计算

头过低，使调压室稳定裕量略显不足。

（8）NX8 工况仿真计算。对 NX8 工况仿真计算分析如下：该工况出力低于额定工况约 9%，仅比 NX7 工况增加了 1%。图 3.4.9 所示的井内水位波动扩散，但扩散速度不算太快，说明在此工况下调压室实际安全系数小于 1.0 但接近 1.0，调压室不稳定。机组扰动后导叶开度中间值约为 0.9，此开度下的 δ 值约为 1.07，水轮机特性对调压室稳定性有一定的负面作用，但更主要的原因还是由于净水头过低。

（9）NX9 工况仿真计算。对 NX9 工况仿真计算分析如下：该工况初始已经超额定出力，出力变动后达到最大出力。虽然上下游水位组合为最低毛水头组合，但净水头稍高于额定水头。图 3.4.10 所示的井内水位波动收敛，说明在此工况下调压室实际安全系数大于 1.0，调压室稳定。机组扰动后导叶开度中间值约为 0.955，此开度下的 δ 值约为 1.25，水轮机特性对调压室稳定性较强负面作用，调压室稳定的正面因数有两个：①净水头较高；②电厂调压室为尾水调压室，共有 3 个阻抗孔。停机机组对应的阻抗孔下流速头接近于零，总体流速头效应比 3 台或 2 台发电要低。要记住，下游调压室下流速头对稳定性是不利的，所以越低越有利。

（10）NX10 工况仿真计算。对 NX10 工况仿真计算分析如下：该工况初始稍低于

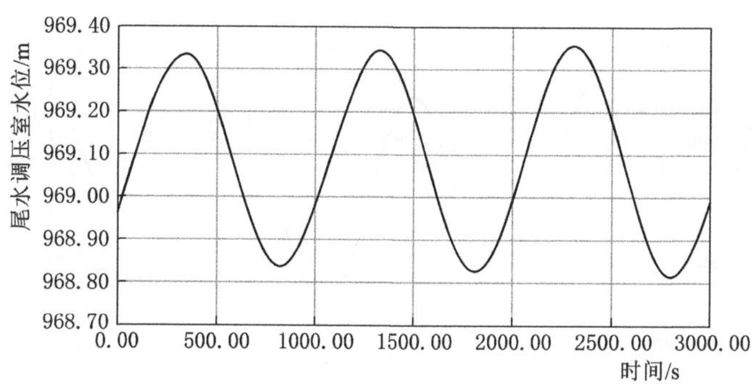

图 3.4.9 NX8 工况仿真计算

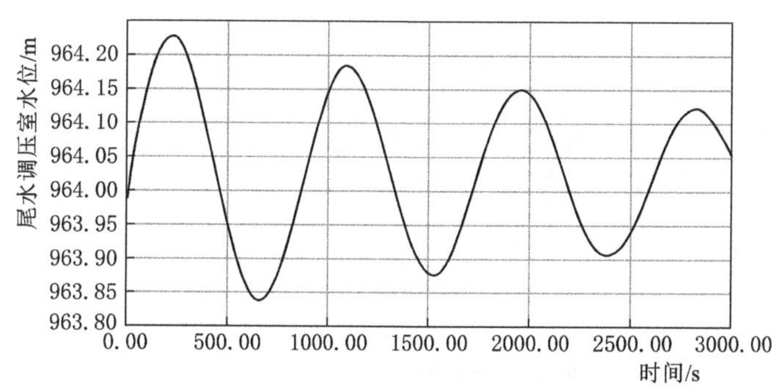

图 3.4.10 NX9 工况仿真计算

额定出力，出力变动后达到额定出力。初始净水头低于额定水头但差得不是很多。图 3.4.11 所示的井内水位波动收敛。说明在此工况下调压室实际安全系数大于 1.0，调压室稳定。机组扰动后导叶开度中间值约为 0.90，此开度下的 δ 值约为 1.07，水轮机特性对调压室稳定性负面作用不强。此工况计算结果证明，即使电站真的在理想孤网条件下运行，只要每个水力单元水轮机出力不高于 2×102MW＝204MW（发电出力不高于约 200MW）调压室就是稳定的。也就是说全厂可发电到 400MW 而不会出现稳定性方面的问题。

（11）NX2A 工况仿真计算。对 NX2A 工况仿真计算分析如下：该工况为 NX2 工况的参数敏感分析附加工况 1，尾水隧道糙率由推荐值 0.0135 上调到 0.014。出力小超额定工况 2%，但未到最大出力（开度仍有 5%裕量）。如果不考虑水轮机特性的作用，糙率增加应该是有利于调压室稳定的。但计算结果相反，图 3.4.12 显示的井内水位波动扩散速度比工况 NX2 图 3.4.3 显示得要快，说明在此工况（糙率 0.014）下调压室稳定性劣于工况 NX2（糙率 0.0135）。

（12）NX2B 工况仿真计算，如图 3.4.13 所示。对 NX2B 工况仿真计算分析如下：该工况为 NX2 工况的参数敏感分析附加工况 2，尾水隧道糙率由推荐值 0.0135 下调到 0.012。出力小超额定工况 2%，但未到最大出力（开度仍有 11%裕量）。如果不考虑水

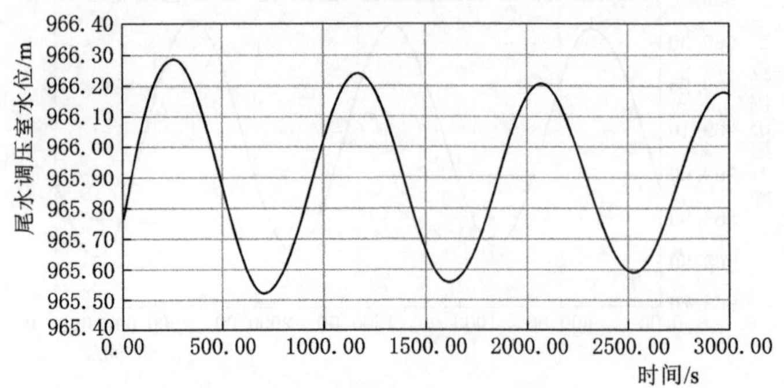

图 3.4.11 NX10 工况仿真计算

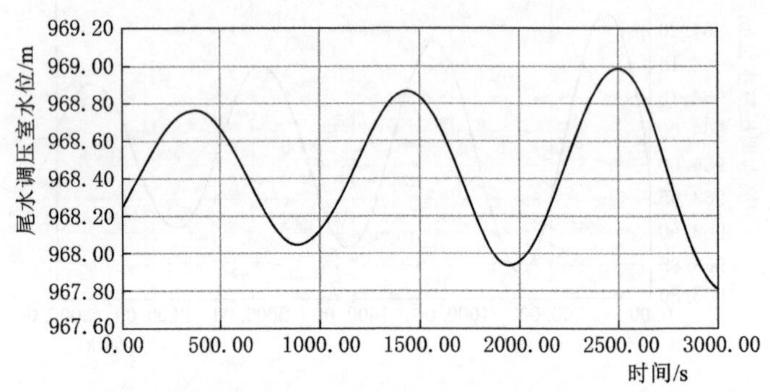

图 3.4.12 NX2A 工况仿真计算

轮机特性的作用，糙率减小应该是不利于调压室稳定的。但计算结果相反，图 3.4.13 显示的井内水位波动扩散速度比工况 NX2 图 3.4.3 显示得要慢，说明在此工况下调压室稳定性（虽然仍不稳定）优于工况 NX2。

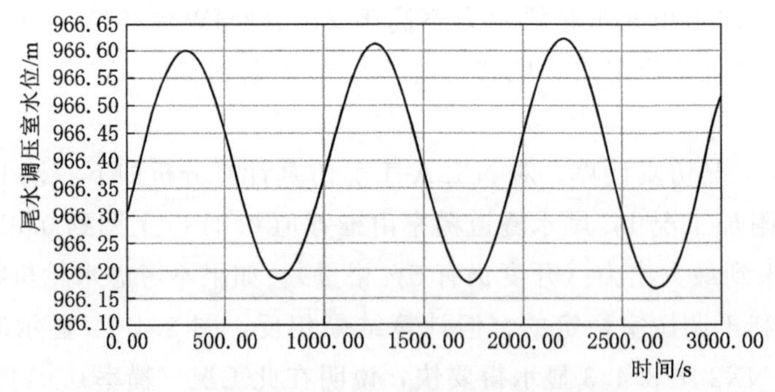

图 3.4.13 NX2B 工况仿真计算

两个原因：①工况 NX2A 的扰动后导叶开度中间值约为 0.89，所对应的水轮机特性参数 δ 值为 1.03，而工况 NX2 的 δ 值约为 1.15，工况 NX9 的 δ 值更高达 1.25。δ 值越小，对调压室的稳定性越有利。②尾水隧道糙率减小后，机组净水头有较大的增加，对调压室的稳定性越有利。

以上两个原因中，以第一个原因为主。这里揭示的调压室稳定性的这个现象主要发生在低水头混流机组电站中，因为低水头混流机组的 δ 值在导叶开度大于最佳效率开度后增加很快，有别于中、高水头混流机组，也有别于轴流转桨机组。另一点要说明的是，解析公式计算结果是在等开度（近满开度）的前提下得到的，在计算中用了相同的 δ 值；而这里数值模型分析用的是等出力假定，由于水头的不同导致开度不同，进而使 δ 值有较大的不同，如果在等开度而不是等出力条件下比较，就不会出现这种情况。

3.5　尾调通气洞风速数值模型分析

3.5.1　几何建模及网格划分

研究水电站结构包括 EVT 排风道、尾调交通兼通气洞以及尾水调压室。EVT 排风道由砖墙分割为两部分，一边为进风通道，另一边为排风通道，且在主厂房出口处安装有风机。由于整体隧洞长度达到近 1000m，且隧洞截面积较大，对整个进风、排风过程进行数值模拟计算量过大，因此根据研究内容，进行了多种计算方案的比较分析，调压室内部的断面形状复杂，其面积大、长度短，而通风洞断面积相对较小、长度长，将调压室与通风洞一起进行计算会导致计算网络量大幅增加，影响计算效率和计算精度。此外，调压室内若计算气体，需设置动边界和动网格；若将调压室作整体计算，则涉及两相流的分析，计算效率和计算精度也无法得到保障。经充分比对分析与交流沟通，确定只计算风机出口至风机房段以及尾调交通兼通气洞内部的流动。根据施工设计图，用 SolidWorks 建立计算域三维模型如图 3.5.1 所示，风机位置局部细节如图 3.5.2 所示。

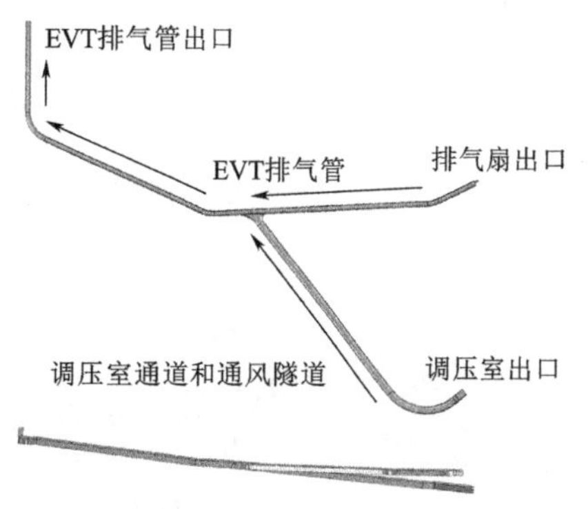

图 3.5.1　尾水调压室通气计算几何模型

由于该管路系统中弯折较多、存在三通且截面不规则，生成结构化网格较为困难，因此通过 ANSYS Mesh 软件生成符合计算要求的四面体非结构化网格。由于 EVT 排风通道与尾调交通兼通气洞交汇位置处以及风机位置处的流动较为复杂，且该处流场对于最终计算结果影响较大，因此对 EVT 排风通道与尾调交通兼通气洞交汇位置处以及风机位置处的网格进行了加密，网格量约为 1300 万个。EVT 排风通道与尾调交通兼通气洞交汇位置处以及风机位置处局部网格分布如图 3.5.3 所示。

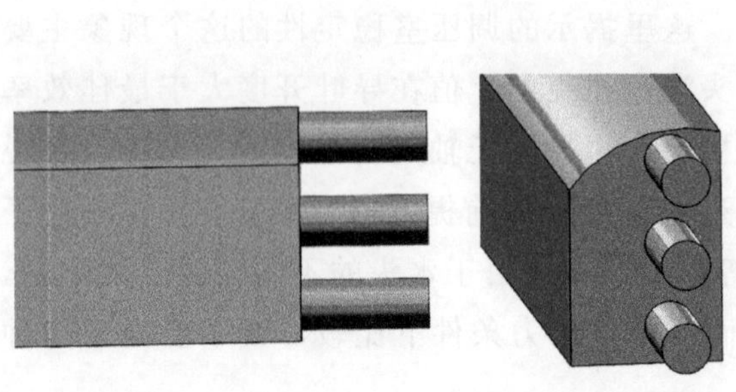

图 3.5.2 风机位置局部放大图

图 3.5.3 隧洞交汇位置处以及风机位置处网格划分

3.5.2 数学模型及其边界条件

3.5.2.1 流动控制方程

在尾调通气计算中，研究介质为空气，且须考虑其可压缩性，本研究中采用理想气体代替空气进行计算，因此控制方程为可压缩连续性方程、动量方程和能量方程：

$$\frac{\partial \rho}{\partial t}+\frac{\partial(\rho u)}{\partial x}+\frac{\partial(\rho v)}{\partial y}+\frac{\partial(\rho w)}{\partial z}=0 \tag{3.5.1}$$

$$\frac{\partial(\rho u)}{\partial t}+\operatorname{div}(\rho u U)=\operatorname{div}(\mu \operatorname{grad} u)+\rho g+S_u-\frac{\partial p}{\partial x} \tag{3.5.2}$$

$$\frac{\partial(\rho v)}{\partial t}+\operatorname{div}(\rho v U)=\operatorname{div}(\mu \operatorname{grad} v)+\rho g+S_v-\frac{\partial p}{\partial y} \tag{3.5.3}$$

$$\frac{\partial(\rho w)}{\partial t}+\operatorname{div}(\rho w U)=\operatorname{div}(\mu \operatorname{grad} w)+\rho g+S_w-\frac{\partial p}{\partial z} \tag{3.5.4}$$

$$\frac{\partial(\rho T)}{\partial t}+\operatorname{div}(\rho U T)=\operatorname{div}\left(\frac{\lambda}{c_p}\operatorname{grad} T\right)+S_T \tag{3.5.5}$$

式中：$U=(u,v,w)$，为坐标系 $X=(x,y,z)$ 中的流体速度；ρ、μ 分别为流体的密度和动力黏度；S_u、S_v、S_w、S_T 为方程的源项；T 为温度；λ 为流体的导热系数；c_p 为流体的定压热容。

对于理想气体，上述方程组需增加气体状态方程 $p=\rho RT$ 使方程封闭，其中 R 为摩尔气体常数。

3.5.2.2 湍流模型

由于隧洞系统内部为可压缩气体湍流流动，因此采用更适用于可压缩气体流动的 S—A 方程模型。该模型由 Spalart 和 Allmaras 专为空气动力学流动而开发的湍流模型，其原始形式更适用于低雷诺数流动，模型的输运方程见方程式（3.5.6）。

$$\frac{\partial}{\partial t}(\rho\bar{u})+?\cdot(\rho\bar{u})=C_{b1}\tilde{S}\rho\bar{u}+\frac{1}{\sigma}[?\cdot((\rho u+\rho\bar{u})?\rho\bar{u})+C_{b2}?\rho\bar{u}?\tilde{v}]-C_{w1}f_w\rho\left(\frac{\tilde{v}}{d}\right)^2 \tag{3.5.6}$$

式中：$\overline{u}$ 为平均速度；$\widetilde{S}$ 为变形速率张量；$\tilde{\nu}$ 为涡黏系数。

3.5.2.3　边界条件

1. EVT 排风通道出口边界条件

EVT 排风通道出口连接风机房，与大气连通，因此 EVT 排风通道出口设置为压力出口，大小为一个标准大气压。

2. 风机边界条件

风机位置处需设置两个边界条件——风机入口和风机叶片所在截面，如图 3.5.4 所示。

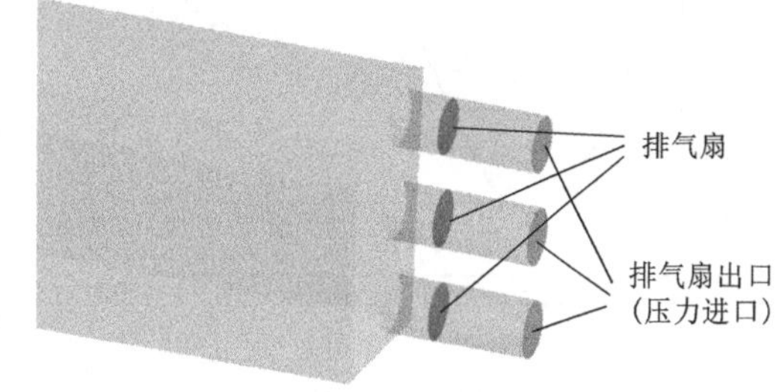

图 3.5.4　风机位置边界条件

(1) 风机入口。由于风机位置和 EVT 排风通道出口之间存在较大的高度差，重力的影响不可忽略，因此风机入口处于有压环境下，对风机入口至 EVT 排风通道出口列伯努利方程如下式所示：

$$p_{\mathrm{fin}}+\frac{1}{2}\rho v_f^2+\rho g h_f+p_f=p_{\mathrm{out}}+\frac{1}{2}\rho v_{\mathrm{out}}^2+\rho g_{\mathrm{out}}+p_{\xi} \tag{3.5.7}$$

式中：p 为静压；v 为流速；h 为水平高度；下标 out 代表 EVT 排风通道出口；下标 f 代表风机；下标 fin 代表风机入口；p_f 为风机全压；p_{ξ} 为隧道阻力损失，且有

$$p_{\xi}=p_{\xi 1}+\sum p_{\xi 2} \tag{3.5.8}$$

其中

$$p_{\xi 1}=\lambda\frac{L}{D}\cdot\frac{\rho}{2}v^2$$

$$p_{\xi 2}=\xi_i\cdot\frac{\rho}{2}v^2$$

式中：$p_{\xi 1}$ 为沿程阻力损失；λ 为沿程阻力系数；$p_{\xi 2}$ 为局部阻力损失；ξ_i 为局部阻力损失系数。

根据《公路隧道通风设计细则》（JTG/T D70/2 - 02—2014），λ 取 0.02，ξ_i 取 0.68，计算可得风机入口静压为 101701Pa。因此，风机入口设置为压力入口边界条件，大小为 101701Pa。

(2) 风机。根据甲方提供的风机性能曲线，拟合风机的速度—全压关系曲线为

$$p_f=-34.23+100.67\cdot v-4.1893\cdot v^2 \tag{3.5.9}$$

在 FLUENT 中设置风机为风扇边界，并输入上述性能曲线。

3. 调压室出口边界条件

调压室出口边界条件有两种方式：一种是根据可压缩气体状态方程，计算调压室内部气体体积变化时的压力变化情况，以压力为边界条件；另一种是根据调压室内部气体体积变化，计算调压室出口气体流量，以流量为边界条件。本节将以一台机甩负荷的工况为例，计算两种方案下尾调通气系统中的流动情况，对比两种方案的优劣。一台机甩负荷时调压室水位变化如图 3.5.5 所示。

(1) 以压力为边界条件。根据理想气体状态方程：

$$PV=nRT \tag{3.5.10}$$

计算一台机甩负荷时调压室出口压力变化如图 3.5.6 所示。

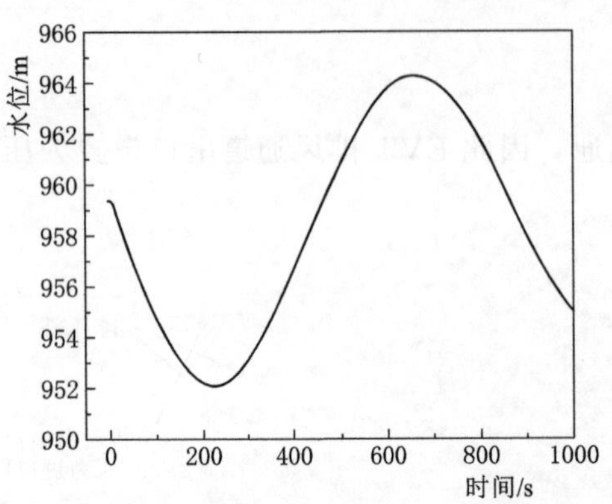

图 3.5.5 一台机甩负荷时水位变化图

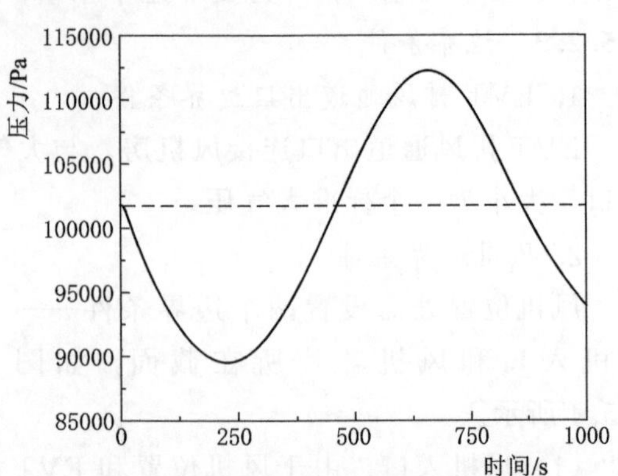

图 3.5.6 压力入口下一台机甩负荷时调压室出口压力变化

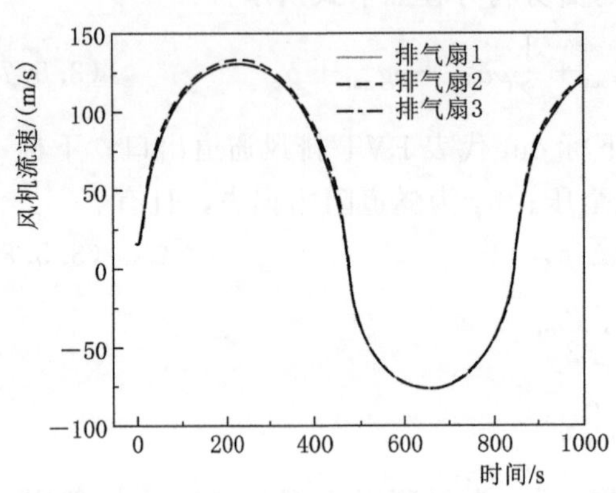

图 3.5.7 压力入口下一台机甩负荷时风机流速变化

根据计算结果，风机流速随时间变化关系如图 3.5.7 所示。

从以上两图可以发现，根据理想气体状态方程计算的调压室内部压力变化值偏大，与实际情况偏差较大，导致隧洞内气体流速偏大，与实际情况不符。

(2) 以流量为边界条件。根据调压室内部水位变化情况计算气体体积随时间变化关系，从而确定调压室出口流量变化，在这一过程中，由于调压室出口流速相对而言较小，六台机甩负荷工况下最大流速约为 20m/s，因此气体可压缩性对计算结果影响不大。因此，假设调压室内部气体不可压缩，调压室出口质量流量 Q 满足下式：

$$Q=\rho A\cdot\frac{\mathrm{d}H}{\mathrm{d}t} \tag{3.5.11}$$

式中：Q 为调压室出口质量流量；A 为调压室截面积；H 为水位。

根据上式计算一台机甩负荷时调压室出口流量随时间变化关系，并采用多项式对流量变化关系进行拟合，结果如图 3.5.8 所示。

根据计算结果，绘制调压室出口、EVT 排风通道出口、风机出口位置处的流量随时间变化关系如图 3.5.9 所示，可以发现在一台机甩负荷时，风机流量在大部分时间内没有特别明显的变化，说明一台机甩负荷时调压室出口风量变化对上游风机工作状态没有特别大的影响，这与实际情况较为符合。

综合对比调压室出口压力边界与流量边界两种计算方案，可以明显看出流量边界更符合实际情况，因此后续计算将采用流量边界作为调压室出口边界条件。

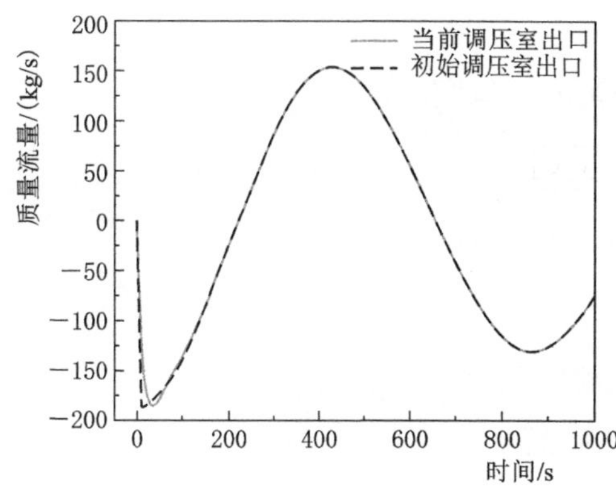

图 3.5.8 流量入口下一台机甩负荷时调压室出口流量变化

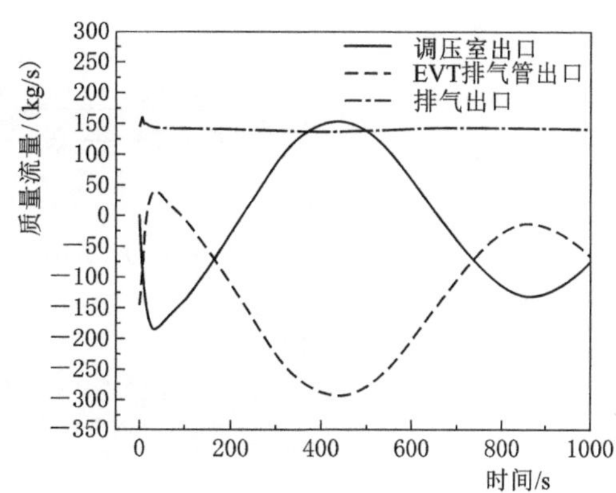

图 3.5.9 流量入口下一台机甩负荷时不同位置处流量变化

3.6 正常出力甩负荷工况结果分析

3.6.1 计算工况说明

定义“吸气”为尾调水位下降过程，“呼气”为尾调水位上升过程。D1 工况尾调水位及进口空气速度如图 3.6.1 和图 3.6.2 所示。

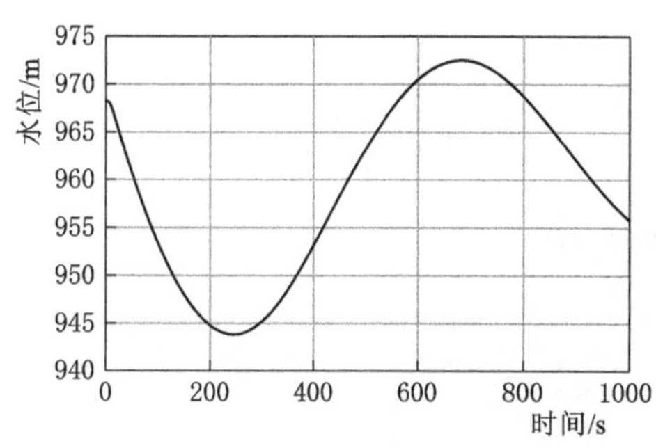

图 3.6.1 微尾水调压室水位变化

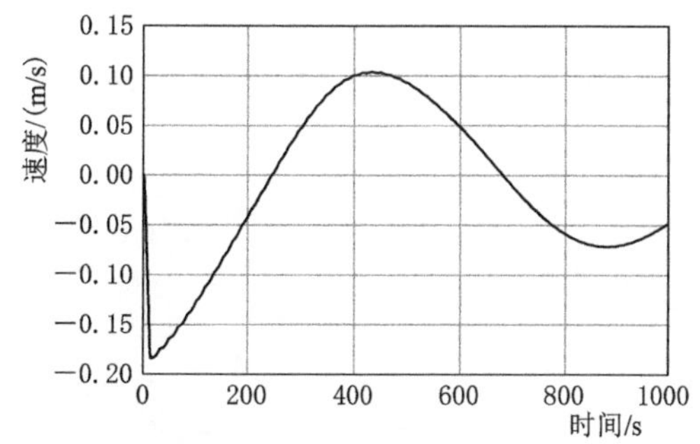

图 3.6.2 尾水调压室截面空气速度（进口空气速度）

3.6.2 控制断面布置

根据研究内容需求，布置数据监控断面如图 3.6.3～图 3.6.6 所示。在尾水调压室布置 x、y、z 三个方向的断面各一个；在 SVT 布置断面一个；在 EVT 布置两个断面，观察交叉口两侧 EVT 隧洞内的空气流态。

为进一步了解速度和压力随时间的变化情况，设置了监测断面，如图 3.6.7～图 3.6.8 所示。在 EVT 隧洞设置了 13 个监测断面，在 SVT 的前后两端都设置了监测断面，编号为 jt01～jt07，在尾水调压室设置了 5 个断面，分别为 sc01～sc05。每个断面设置 5 个监测点，sc01～sc05 的测点位置如图 3.6.9（a）所示，其他断面的测点位置如图 3.6.9（b）所示。

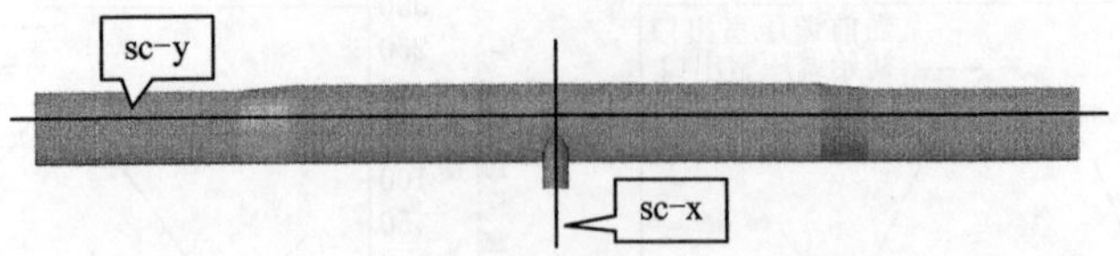

图 3.6.3　尾水调压室控制断面布置图（一）

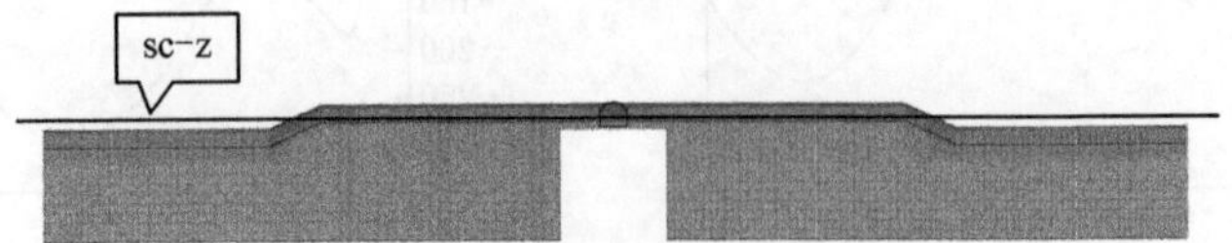

图 3.6.4　尾水调压室控制断面布置图（二）

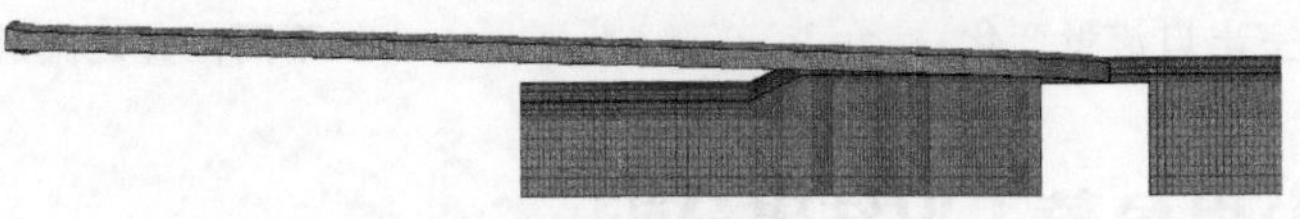

图 3.6.5　SVT 断面布置图

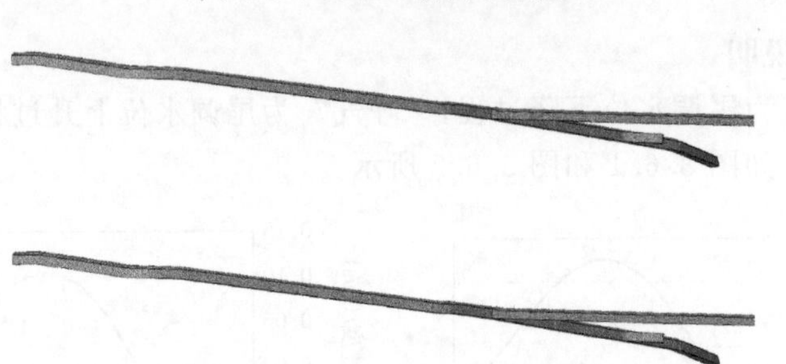

图 3.6.6　EVT 断面布置图

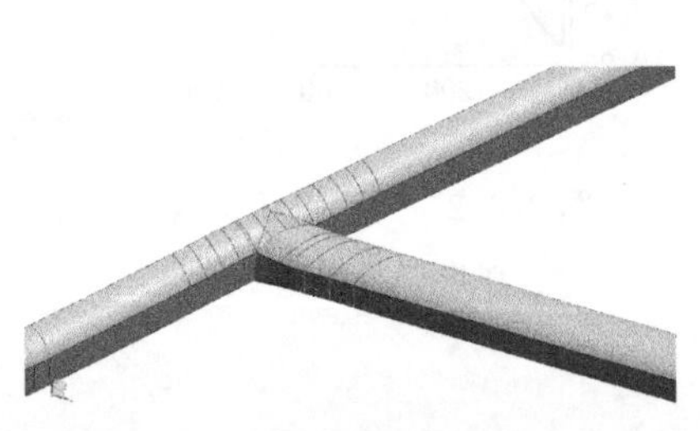

图 3.6.7　监测断面示意图（一）

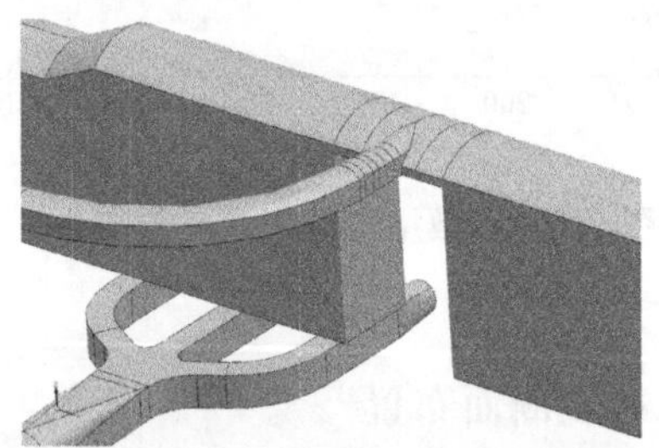

图 3.6.8　监测断面示意图（二）

3.6.3　6 台机甩负荷

3.6.3.1　流态

由图 3.6.2 可知，$t=14.6$s 和 $t=433.0$s 分别是流出调压室和流入调压室风速最大的时刻。下面分别给出这两个时刻下的速度和压力分布。

$t=14.6$s 时，空气从 EVT 两端流入，在交叉口处汇入 SVT，最后进入调压室。空气在交叉口靠近 SVT 形成最大流速，约为 32 m/s。

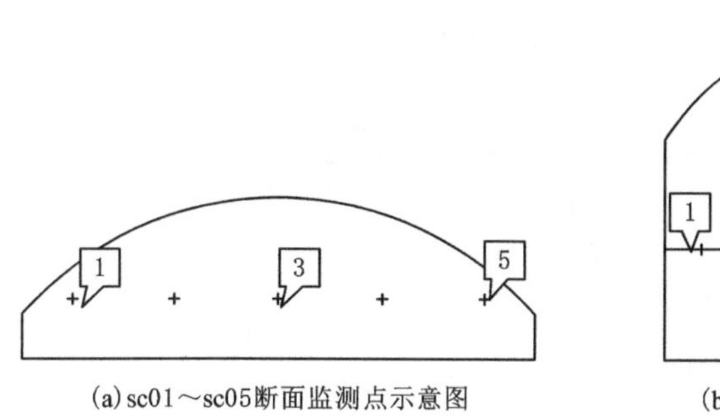

(a) sc01～sc05断面监测点示意图

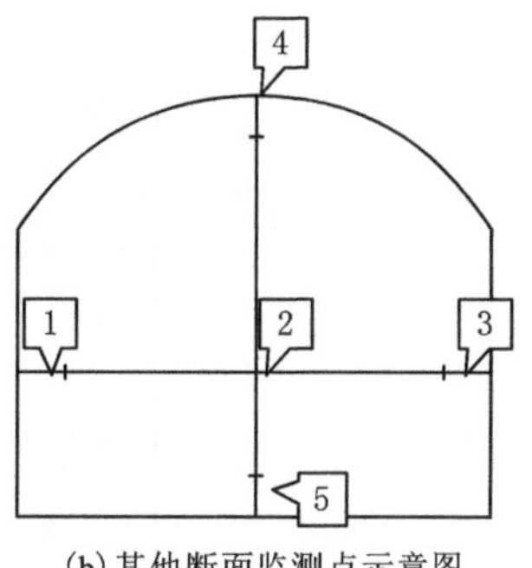

(b) 其他断面监测点示意图

图 3.6.9　监测点示意图

由于 SVT 与 EVT 并非垂直相交，空气汇入 SVT 的过程中，两侧发生流动分离，导致近壁面出现低速区，进一步压缩了过流面积，使得 SVT 流速上升。

空气由 SVT 流入调压室的过程中，经过圆弧段，发生偏流，造成 SVT 接近调压室部位一侧流速大于另一侧。

空气流入调压室后，向左右两侧扩散，在尾调顶部上游侧边墙形成流速较大的区域，空气在扩散过程中在左右两个调压室内形成环流。

EVT 内最大流速约为 27m/s，尾调交通洞最大流速约为 32m/s，尾调最大流速约为 26.5m/s。由于空气由 EVT 向调压室流动，造成压力下降，相对大气压最大下降约 850Pa。

在 $t=433.0$s 时，空气由调压室流经 SVT，在交叉口进入 EVT。同时 EVT 风机侧持续有 420000m^3/s 的流量流向 EVT 出口，两股气流在交叉口汇合，最终流向大气。在尾调内，涌波推动空气向上流动，从两端汇入 SVT，在 SVT 内形成较大流速。空气流入 SVT 时在圆弧段离心力作用下出现偏流，流动过程中偏流逐渐消失，流速逐渐下降。经由交叉口流向 EVT，在 EVT 侧形成最大流速，约为 25m/s。

EVT 内最大流速约为 25m/s，SVT 最大流速约为 20.5m/s，尾调最大流速约为 18.88m/s。由于空气流动，造成尾调压力上升，相对大气压最大上升约 480Pa。

3.6.3.2　速度、压力随时间变化

统计了各监测点速度和压力随时间的变化情况，图 3.6.10～图 3.6.11 给出了“呼气”及“吸气”时最大流速及最大压力变化。定义“吸气”为调压室水位下降过程，“呼气”为调压室水位上升过程。

纵观尾调“呼吸”过程，EVT 内最大流速为 31.55m/s，SVT 最大流速为 30.59m/s。尾调最大流速为 25.40m/s。

EVT 内最大压力下降 2053.5Pa，最大压力上升 345Pa。SVT 内相对大气压最大下降 3337.7Pa，最大压力上升为 460.2Pa。尾调内最大压力下降 3352.9Pa，最大压力上升为 527.7Pa。

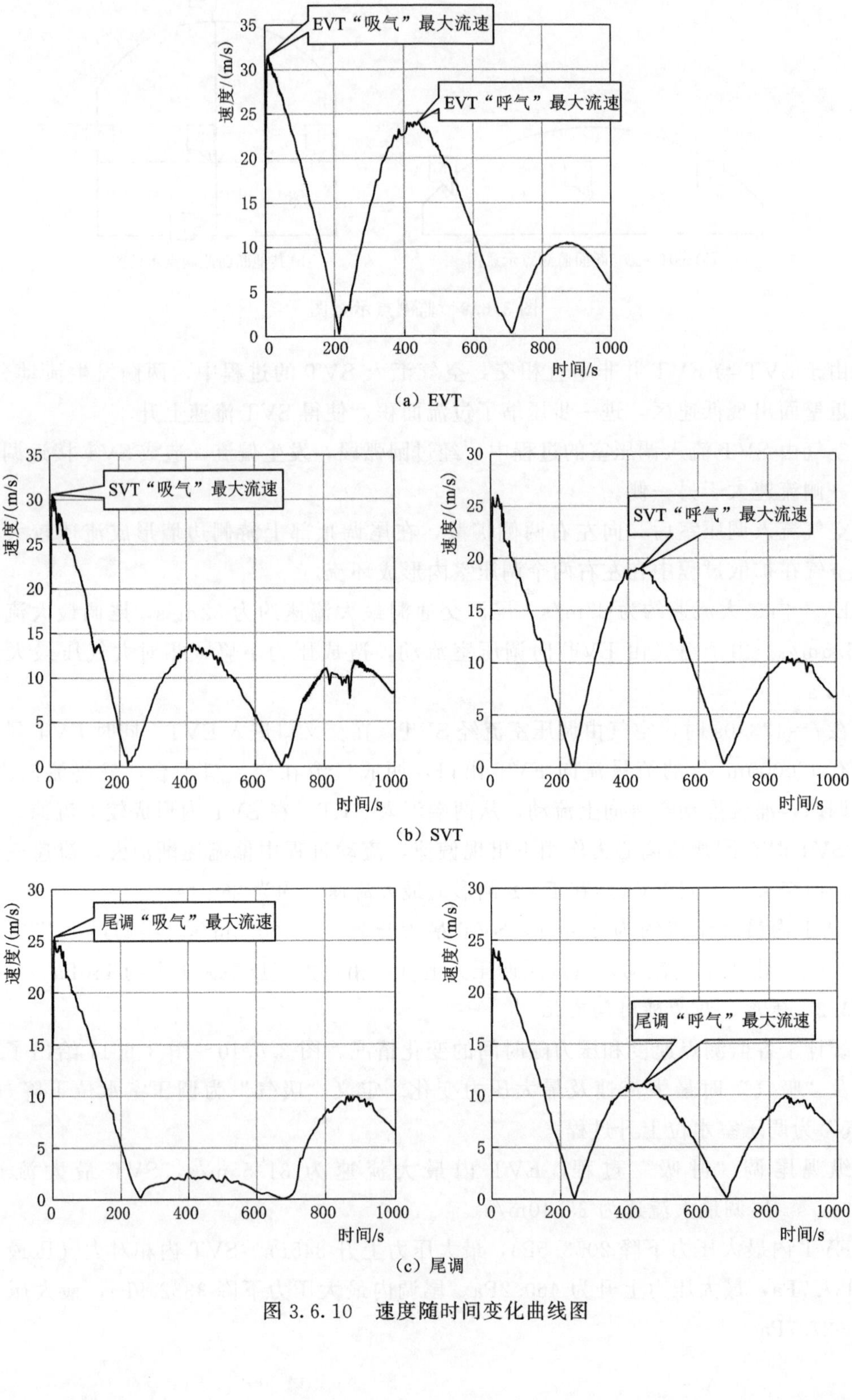

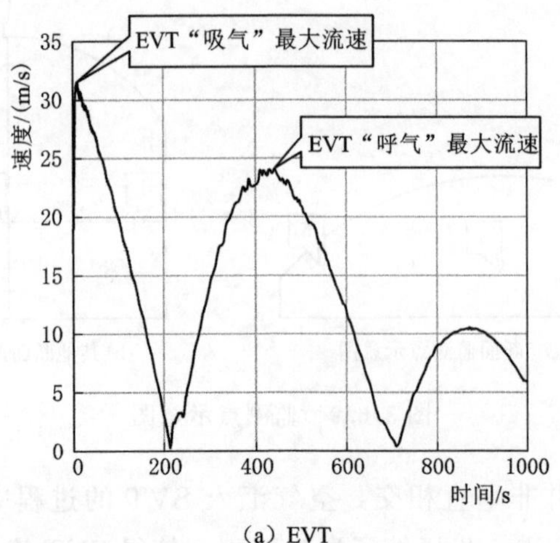

(a) EVT

SVT“吸气”最大流速
SVT“呼气”最大流速
速度/(m/s)
时间/s

(b) SVT

尾调“吸气”最大流速
尾调“呼气”最大流速
速度/(m/s)
时间/s

(c) 尾调

图 3.6.10 速度随时间变化曲线图

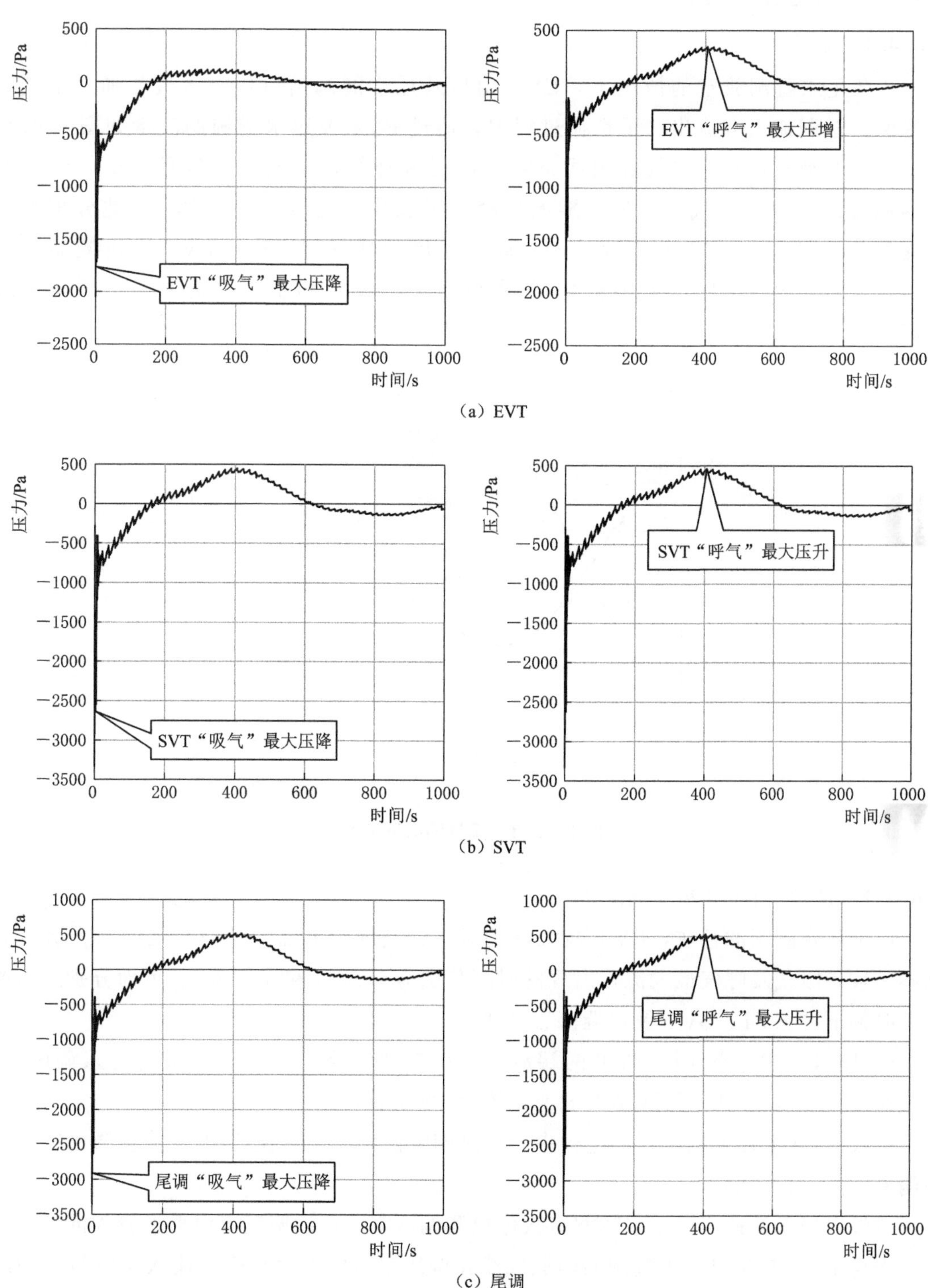

(a) EVT

(b) SVT

(c) 尾调

图 3.6.11 压力随时间变化曲线图

3.6.4　一条尾水隧洞放空

3.6.4.1　流量

一条尾水隧洞放空的情况下，EVT 出口及尾水隧洞出口均与大气相通，空气可由这两条隧洞流入或流出。甩负荷过程中，通过 EVT 及尾水隧洞的流量如图 3.6.12 所示。尾调吸气过程，空气经由两条隧洞向尾调补气；尾调呼气过程，空气经由两条隧洞排出。由于空气流经尾水隧洞需经过阻抗孔，流动阻力较大，因此分配给尾水隧洞的流量较小，EVT 流量较大。同时考虑到呼气过程中，EVT 风机侧始终有一恒定流量也从 EVT 出口侧排出，因此呼气过程中 EVT 出口侧流量远大于尾水隧洞流量。

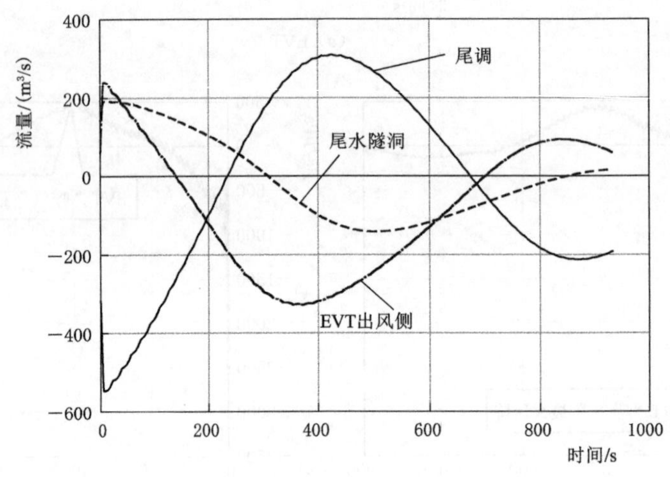

图 3.6.12　流量随时间变化

3.6.4.2　EVT、SVT 及尾调流态

由于尾水隧洞的存在，EVT 最大流量（最大速度）出现的时刻与尾调最大流量时刻不一致，吸气及呼气最大流量出现的时刻分别为 15.44s 和 380.30s。下面分别给出这两个时刻下的 EVT、SVT 及尾调流态分布。

t=15.44s 时，空气从 EVT 两端流入，在交叉口处汇入 SVT，最后进入调压室。空气在交叉口靠近 SVT 形成最大流速，约为 10.8m/s。

空气由 SVT 流入调压室的过程中，经过圆弧段，发生偏流，SVT 接近调压室部位一侧流速大于另一侧。

空气以极低的速度经尾水隧洞流入停机侧调压室，在该调压室内形成较为混乱的流动。来自 EVT 与来自尾水隧洞的两股气流在调压室检修平台汇合，流入未停机一侧的调压室。

空气流入调压室后，向未停机的一侧扩散，在尾调顶部上游侧边墙形成流速较大的区域，空气在扩散过程中在调压室内形成环流。

EVT 内最大流速约为 6.5m/s，SVT 最大流速约为 10.8m/s，尾调最大流速约为 10.7m/s。由于空气由 EVT 向调压室流动，造成压力下降，相对大气压最大下降约 300Pa。

在 t=383.30s 时，未停机一侧尾调水位上升，推动空气由流向检修平台，之后一部分气流进入尾水隧洞，另一部分气流进入 SVT，在交叉口进入 EVT。同时 EVT 风机侧持续有 420000m^3/s 的流量流向 EVT 出口，两股气流在交叉口汇合，最终流向大气。在尾调内，涌波推动空气向上流动，进入 SVT，在 SVT 内形成较大流速。空气流入 SVT 时在圆弧段离心力作用下出现偏流，流动过程中偏流逐渐消失，流速逐渐下降。经由交叉口流向 EVT，在 EVT 内形成最大流速，约为 10m/s。

EVT 内最大流速约为 10m/s，SVT 最大流速约为 8m/s，尾调最大流速约为 7.3m/s。由于空气流动，造成尾调压力上升，相对大气压最大上升约 100Pa。

3.6.4.3 尾水隧洞流态

吸气及呼气过程中尾水隧洞最大流量出现的时刻分别为 23.1s 和 519.95s。下面分别给出这两个时刻下尾水隧洞流态分布。

空气由闸门井进入尾水隧洞，在隧洞的上方出现流动分离，形成较为明显的漩涡，阻塞了空气流动，造成漩涡下方的高速流动。空气在向前流动的过程中，漩涡逐渐消失，流动基本恢复均匀。在尾水岔管部位，空气流动顺畅，未出现明显漩涡。空气经过阻抗孔向尾调扩散，在尾调内形成了较为混乱的气流。

尾水隧洞内流速较低。最大流速为 6m/s 左右，出现在靠近闸门井的位置。最大压力下降约为 64Pa。

空气由尾调未停机的一侧流经检修平台进入停机侧，空气由检修平台扩散至整个停机侧调压室，扩散过程中流动混乱。空气经由阻抗孔进入尾水岔管，在岔管内形成漩涡流动，流动混乱。

在汇入主管后，漩涡逐渐消失，流动顺畅。尾水隧洞内流速较低。最大流速为 4.7m/s 左右，出现在靠近闸门井的位置。最大压力上升约为 30Pa。

3.6.4.4 速度、压力随时间变化

统计了各监测点速度和压力随时间的变化情况，图 3.6.13～图 3.6.14 给出了“呼气”及“吸气”时最大流速及最大压力变化。定义“吸气”为调压室水位下降过程，“呼气”为调压室水位上升过程。

纵观尾调“呼吸”过程，EVT 内最大流速为 10.23m/s，SVT 最大流速为 10.83m/s，尾调最大流速为 11.01m/s，尾水隧洞最大流速为 5.79m/s。

EVT 内最大压力下降 729.38Pa，最大压力上升 81.78Pa。SVT 内相对大气压最大下降 1241.18Pa，最大压力上升为 96.85Pa。尾调内最大压力下降 1265.63Pa，最大压力上升为 113.21Pa。尾水隧洞最大压力下降 1234.6Pa，最大压力上升 112.55Pa。

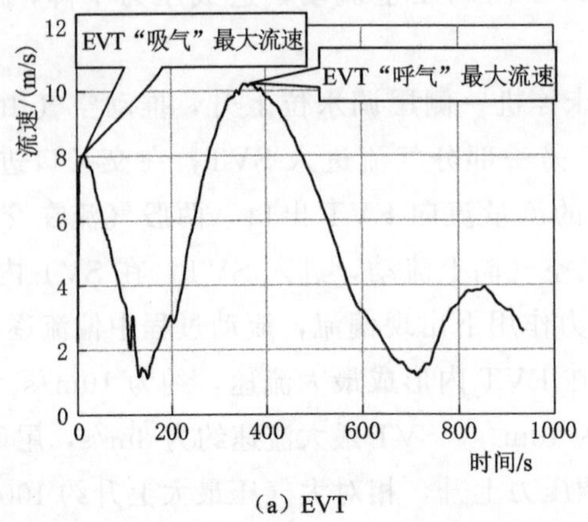

(a) EVT

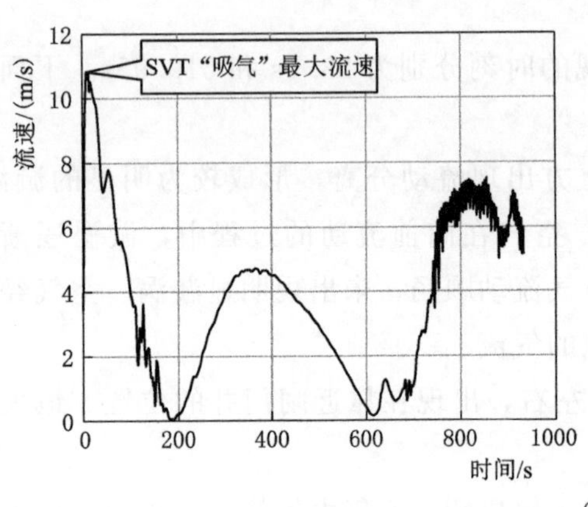

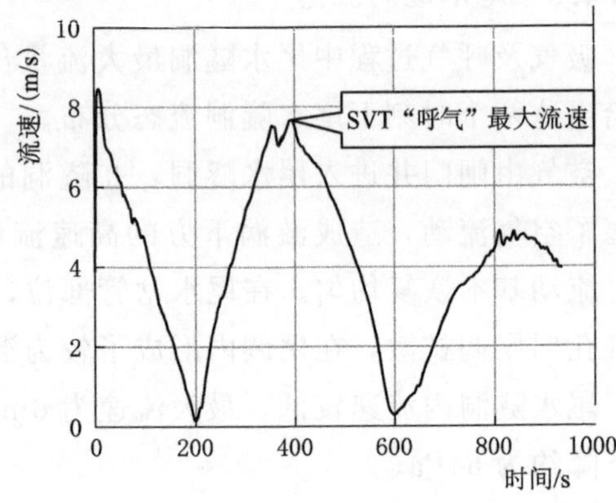

(b) SVT

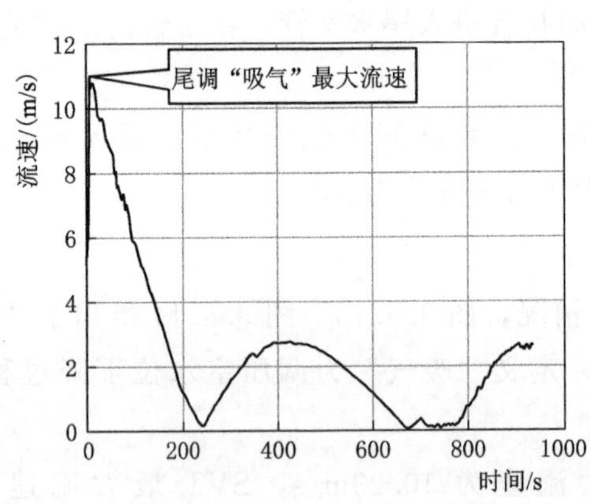

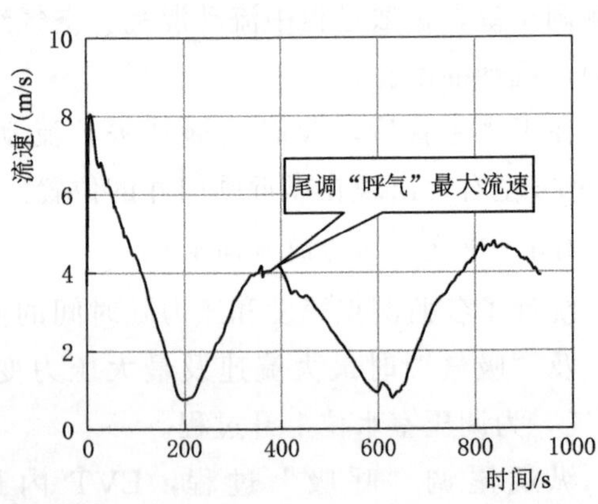

(c) 尾水调压室

图 3.6.13（一） 速度随时间变化曲线图

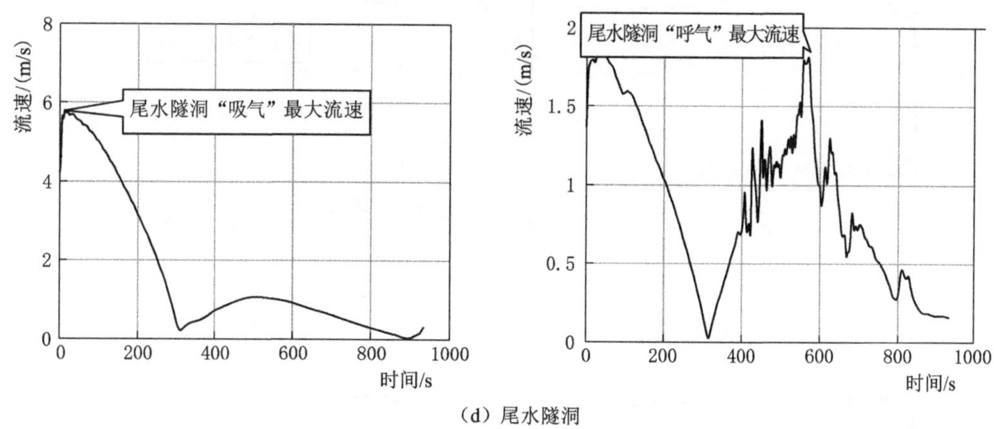

（d）尾水隧洞

图 3.6.13（二） 速度随时间变化曲线图

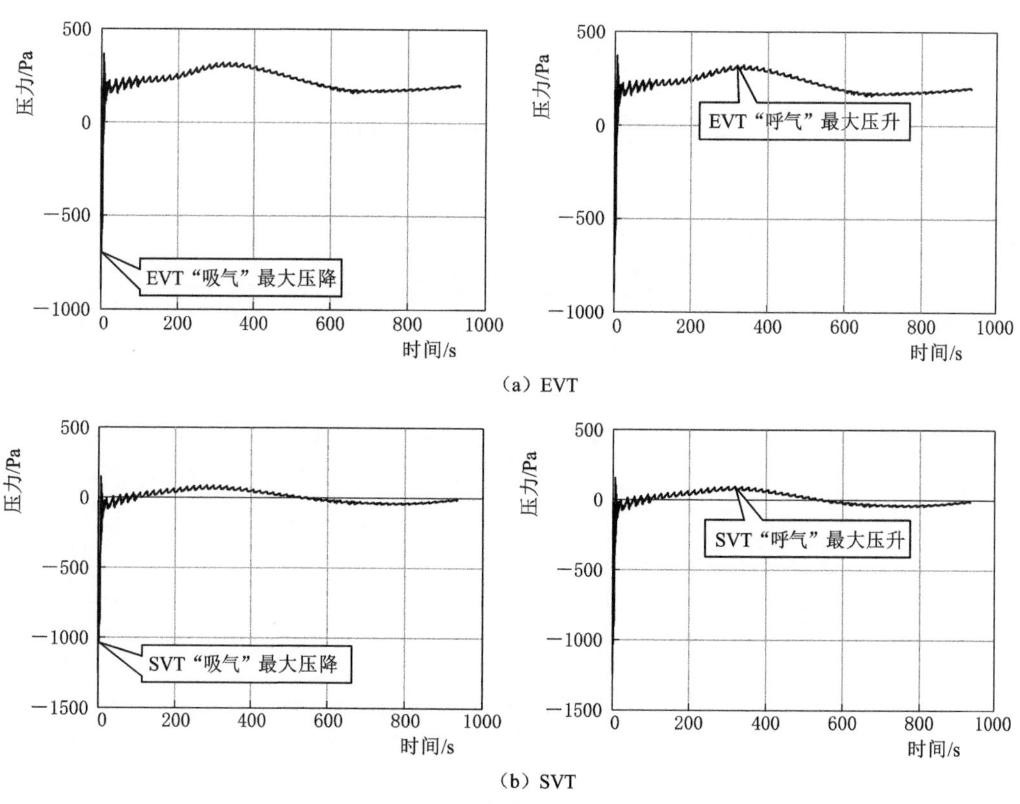

图 3.6.14（一） 压力随时间变化曲线图

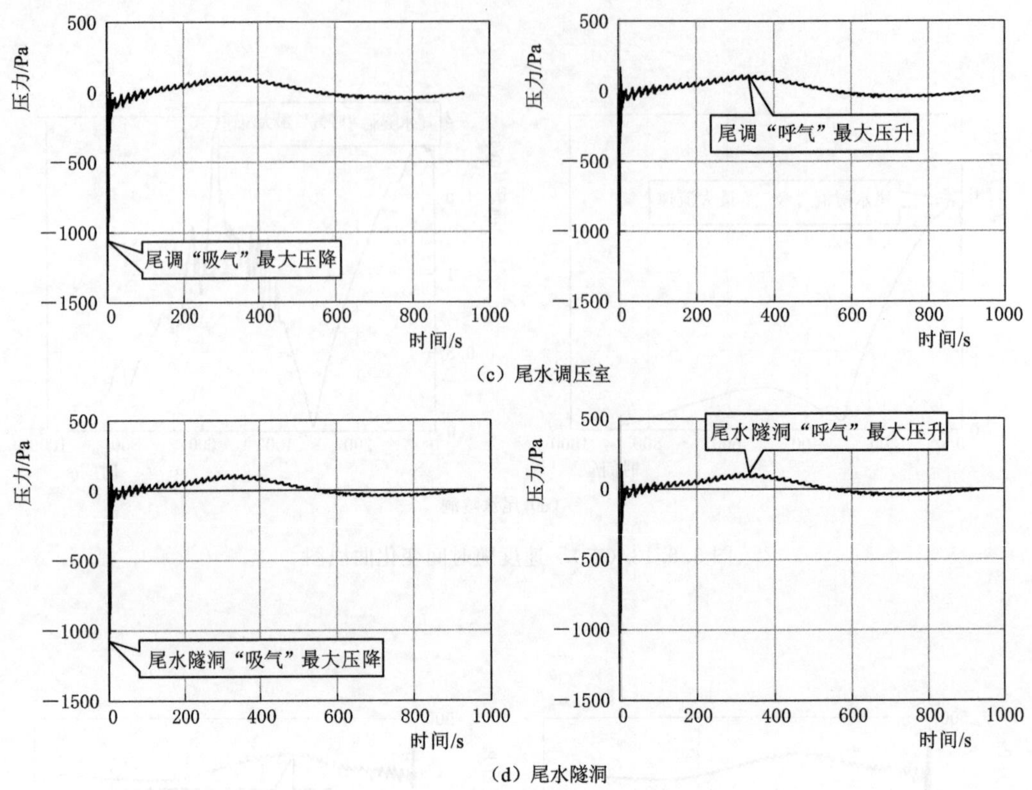

图 3.6.14（二） 压力随时间变化曲线图

4 输水发电系统整体水力学

4.1 输水发电系统水力学特性

开展不同水位组合下引水发电系统恒定流试验过程中，为过渡过程模型试验做好前期的准备，试验工况相应的初始恒定流情况的主要内容如下。

1. 水头损失量测

(1) 引水系统和尾水系统水头损失。

(2) 尾水管检修闸门室底部水头损失。

(3) 尾水调压室底部水头损失。

(4) 尾水洞结合导流洞过渡段水头损失。

(5) 尾水隧洞检修闸门室底部水头损失。

2. 水面线（内水压力）量测

量测引水系统、尾水系统内水压力分布，包括尾水出口明渠水面线。

3. 输水系统流态描述

(1) 尾水管检修闸门室区域（含底部尾水支洞）流态。

(2) 尾水调压室区域（含底部分岔）流态。

(3) 尾水隧洞检修闸门室区域（含底部尾水隧洞）流态。

(4) 尾水出口明渠流态描述。

4.2 输水发电系统水力过渡过程数值仿真

4.2.1 机组特性分析

4.2.1.1 水轮机特性曲线

在输水发电系统中，机组的特性主要指压力或水头与流量或转速之间的关系。水轮机作为引发水力过渡过程的主动元素，除水头与流量之间的关系外还包括了导叶开度、转速、力矩以及效率等因素。机组特性通过转轮特性曲线来表征，这些特性曲线呈现在一张图中时即为综合特性曲线，主要由等开度线、等效率线和压力脉动等值线等组成，而且涵盖了机组正常运行范围的较高效率区域，坐标系是通过水轮机的单位参数 N_{11} 和 Q_{11} 来定义的。机组特性可用单位流量 Q_{11}、单位转速 N_{11}、导叶开度 y 和效率 η 之间的关系描述，即 $Q_{11}=f(n_{11},y)$ 和 $\eta=f(n_{11},y)$。

1. 机组流量特性

在综合特性曲线中，一个点就代表水轮机的一个运行工况。机组特性与转速 n、水头 H、导叶开度 y 一一对应，相应流量特性可表示为 $Q=Q(n,H,y)$。大致垂直走向的为等开度线。等开度线实际上所表征的就是水轮机的流量特性，其倾斜度与该机组的比转速有关。等开度线的斜率做无量纲处理后被定义为水轮机的自调节系数 Q_n：

$$Q_n = \frac{dQ_{11}(N_{11})}{dN_{11}(Q_{11})} \tag{4.2.1}$$

Q_n 为负值时，机组的转速上升，流量会随之减少，从而使机组出力减小，抑制了转速的上升趋势。

2. 机组的效率和力矩特性

水轮机作为一种能量转换装置，除上述流量特性外还有代表着机组效率的力矩特性。在水轮机的综合特性曲线中，相应力矩特性可表示为 $M=M(n,H,y)$。图中环形曲线为等效率曲线，当 N_{11} 对应额定转速时，可在图中找到额定转速条件下的水轮机效率曲线。分析图知，水轮机效率曲线的动态特性不单影响水能到电能的能量转换，对输水发电系统的稳定性也有较大影响。对于没有描述力矩特性的水轮机综合特性曲线，一般可根据效率特性通过下式算出：

$$M = \frac{60g\eta\rho q_{11}}{2\Pi n_{11}} \tag{4.2.2}$$

式中：η 和 ρ 分别为水轮机的效率和水的密度。

3. 水轮机的飞逸特性

机组转动部分运动方程、水轮机做功方程和负荷阻力矩方程分别为

$$J\frac{d\omega}{dt} = M_t - M_g \tag{4.2.3}$$

$$P = M_t\omega \tag{4.2.4}$$

$$W = M_g\omega \tag{4.2.5}$$

式中：P 为机组出力；W 为电网负荷；ω 为机组角速度；M_t 为水轮机主动力矩；M_g 为机组总负荷力矩。

根据水轮机组在过渡过程中各种参数的变化曲线，并引入瞬时工况，便可以在 n_{11}—Q_{11} 坐标系中画出工况点连续移动的轨迹线，这种轨迹线能清楚地反映工况变化范围，据之可以确定水轮机在各种过渡过程时所处的工作条件。在常规水电站的运行控制过程中，水轮机组主要运行轨迹线包括：甩负荷、减负荷、机组正常停机、机组同步后的增负荷、进入飞逸、机组摆脱飞逸、机组起动。水轮发电机组在运行时如果突甩负荷，转速迅速上升，导叶未能关闭或关闭缓慢，机组转速上升到一定程度后会导致水轮机效率下降。当水轮机效率下降到 0 时，机组力矩将变为 0，转速上升停止。此过程称为“飞逸过程”。在机组综合特性曲线中，一般以飞逸工况线（效率 $\eta=0$ 的等值线）为临界线，可分为两个工况区：水轮机工况区和制动工况区。

4.2.1.2 特性曲线的处理

在机组模型综合特性曲线中，给出了导叶较大开度区以及介于最大和最小水头对应的单位转速之间的机组特性，包括流量特性、效率特性和飞逸特性。但是，在大波动过渡过程中，水轮机将通过非常宽阔的工况区域，这些区域超出了模型综合特性曲线通常

给出的范围。因此，为了分析计算完整的水力过渡过程，需要有完整的水轮机特性曲线，必须适当地补充特性曲线，尤其是导叶小开度区的特性曲线。

1. 飞逸工况特性曲线的补充

已知介于最大和最小水头对应的单位转速之间的飞逸特性，向高单位转速 n_{11} 工况区以最大飞逸单位转速为控制点作适当延伸，向低 n_{11} 工况区以原点（$Q_{11}=0$，$n_{11}=0$）为目标作光滑延伸，即得完整的飞逸工况特性曲线。

2. 小开度流量特性曲线的补充

在模型特性曲线上，做等 n_{11} 线，分别与各开度线以及飞逸工况线相交；过原点和各交点作开度与单位流量关系的 τ—Q_{11} 曲线，其中飞逸工况点与原点之间的部分线段即为要补充的小开度流量特性曲线，可得出在该 n_{11} 下任意小开度工况对应的单位流量及其在模型综合特性曲线上的位置；依据需要选若干 n_{11}，重复上面过程，即可得全面的流量特性曲线；选择任意小开度值，在选定的等 n_{11} 线对应 τ—Q_{11} 曲线上查得对应某一 n_{11} 和 τ 的 Q_{11}，在模型特性曲线上的小开度区绘出对应的位置，各点光滑连接即为需补充的小开度的等开度线。

3. 小开度效率特性曲线的补充

在模型特性曲线上，做等 n_{11} 线，分别与各条等效率线相交；将各点光滑连接，得大开度区效率特性曲线 η—Q_{11}；该等 n_{11} 线与飞逸工况线（$\eta=0$）相交，有一交点，将该交点与大开度区效率特性曲线光滑连接，并且向小流量区作光滑延伸，即得完整的效率特性曲线；结合该等 n_{11} 线对应的 τ—Q_{11} 曲线，可得任一 n_{11} 和小开度 τ 下的效率 η。

4. 高 n_{11} 与低 n_{11} 工况区特性曲线的扩展

（1）等开度线的扩展。选择任意开度 τ，作等 τ 线，与飞逸工况线相交，并向高 n_{11} 特性区作光滑延伸，向低 n_{11} 工况区可依据经验作光滑延伸，或依据经验公式确定零转速工况点对应的单位流量 Q_{11}，并与已知的等开度线光滑连接。

（2）等效率曲线的扩展。选择任意开度 τ，作等 τ 线，选择特定的 n_{11}，得到对应的效率 η，作 η—n_{11} 曲线，其中该等 τ 线与飞逸工况线相交，已知交点的 n_{11} 和 $\eta=0$，作为 η—n_{11} 曲线向高 n_{11} 工况区光滑延伸的控制点，在低 n_{11} 工况区可以原点（$n_{11}=0$，$\eta=0$）为扩展目标，作光滑延伸。

5. 机组全特性曲线

机组特性曲线是以单位参数描述的全特性曲线，包括流量全特性曲线 n_{11}—Q_{11} 和力矩全特性曲线 n_{11}—M_{11}。在计算过程中采用外延方法补充小开度时（模型开度 $Y<$ 1mm）的特性曲线。

$$n_{11}=\frac{nD_1}{\sqrt{H}};\quad Q_{11}=\frac{Q}{D_1^2\sqrt{H}} \tag{4.2.6}$$

$$M_{11}=\frac{9.55N}{nD_1^3H} \tag{4.2.7}$$

式中：n_{11}、Q_{11}、M_{11} 分别为单位转速、单位流量和单位力矩；n、Q、N、M 分别为机组转速、流量、出力和力矩；D_1 为转轮直径；H 为机组作用水头。

为了避免计算中可能产生的多值问题，在计算分析中，机组全特性曲线的模拟采用 Suter－Form 进行处理：

$$WH(x,y)=\frac{y^2}{(n_{11}/n_{11r})^2+(Q_{11}/Q_{11r})^2}=\frac{h}{\alpha^2+q^2}y^2 \tag{4.2.8}$$

$$WM(x,y)=\frac{M_{11}+k_1}{M_{11r}}y=\left(\frac{m}{h}+\frac{k_1}{M_{11r}}\right)y \tag{4.2.9}$$

$$x=\arctan[(Q_{11}/Q_{11r}+k_2)/(n_{11}/n_{11r})]=\arctan[(q+k_2\sqrt{h})/\alpha],\quad \alpha\geqslant 0$$

$$x=\pi+\arctan[(Q_{11}/Q_{11r}+k_2)/(n_{11}/n_{11r})]=\pi+\arctan[(q+k_2\sqrt{h})/\alpha],\quad \alpha<0$$

式中：h、m、α、q 分别为水头、力矩、转速和流量的无量纲值；n_{11r}、Q_{11r}、M_{11r} 为额定工况下的单位转速、单位流量和单位力矩；y 为导叶相对开度；k_1、k_2 为系数，取值范围为 $k_1=1.0\sim1.8$、$k_2=0.5\sim1.2$，计算中取 $k_1=1.5$、$k_2=1.2$。

4.2.2 机组运行稳定性分析

4.2.2.1 稳定性分析方法概述

1. 现代控制理论和状态方程分析

绝大多数水力发电系统的水力过渡过程都是由于调速器的动作而产生的。在水力—机械系统中出现小扰动时，在调速器和其他控制装置的作用下，系统恢复到初始稳定运行状态或达到新的稳定状态并长时间保持稳定运行的能力称为小扰动过渡过程。机组运行中这种小扰动的分析即为稳定性分析，进行机组运行稳定性分析时，一般假定波动是微小的，因而可略去基本方程中的高次项，同时依据水电站单独运行或并网运行合理简化电力系统的影响。基于上述假定，机组运行稳定性分析可以通过求解线性系统状态方程的办法来实现，并且可应用现代控制理论进行分析研究。

经典控制理论是建立在系统的输入—输出关系或传递函数的基础上的，而现代控制理论是以 n 个一阶微分方程（状态方程）来描述系统，这些微分方程又组合成一个一阶向量—矩阵微分方程。一个现代的复杂系统可能有多个输入和多个输出，并以某种复杂的方式相互关联，为了借助于计算机分析这样的系统，必须简化其复杂的数学表达式。从此观点来看，状态空间法对于分析系统是最适宜的。采用这一方法，状态变量、输入或输出数目的增多并不增加方程的复杂性，从而极大地简化系统的数学表达式。

在输水发电系统的机组运行稳定性分析中，系统的状态变量包括水力量、机械量和电气量，虽然各量的含义和特性千差万别，但是各变量间存在必然的内在联系，因此，依据已经建立的水力系统、机械系统和电力系统的数学模型，即一系列常微分方程组，通过数学处理，最终可以用状态空间法实现，即有

$$\dot{\boldsymbol{x}}(t)=f(\boldsymbol{x},\boldsymbol{u},t)$$
$$\boldsymbol{y}(t)=g(\boldsymbol{x},\boldsymbol{u},t)$$

式中：$\boldsymbol{x}$ 为状态变量水力量、机械量和电气量；$\boldsymbol{y}$ 为输出量；$\boldsymbol{u}$ 为输入量。

若围绕运行状态线性化，可得线性化状态方程和输出方程：

$$\dot{\boldsymbol{x}}(t)=\boldsymbol{A}(t)\boldsymbol{x}(t)+\boldsymbol{B}(t)\boldsymbol{u}(t)$$
$$\boldsymbol{y}(t)=\boldsymbol{C}(t)\boldsymbol{x}(t)+\boldsymbol{D}(t)\boldsymbol{u}(t)$$

若考虑定常系统，则各矩阵 $\boldsymbol{A}$、$\boldsymbol{B}$、$\boldsymbol{C}$ 和 $\boldsymbol{D}$ 的系数均为常数，应用系统的状态方程，则可进行稳定性分析，包括特征值计算、相关因子分析和灵敏度分析等。

2. 输水发电系统的状态方程分析方法

结合水电站输水系统内水体的刚性模型，以及调压室水流和机组水力特性的线性描述方程，即可建立描述所研究水力—机械—调节系统小扰动的线性微分方程组，通常称为 n 阶状态方程式，可以写成如下的矩阵形式：

$$DY=AY+BX$$

其中

$$D=\frac{\mathrm{d}}{\mathrm{d}t}$$

式中：D 为线性算子；A 和 B 分别为系数矩阵和输入矩阵；Y 为状态向量；X 为扰动向量。

所研究的水力—机械—调节系统的小扰动稳定性取决于矩阵 $\boldsymbol{A}$ 的特征值 $\lambda_i(i=1,2,3,\cdots,n)$，矩阵的全部特征值通过调用标准程序求得。若记特征值 $\lambda_i=\alpha_i+j\omega_i$，$\alpha_i$、$\omega_i$ 分别为实部和虚部，则只有当 $\boldsymbol{A}$ 的所有特征值的实部均为负数（即所有的 $\alpha_i<0$）时，系统才是稳定的，否则系统不稳定。采用李雅普诺夫第一法可以判断水机电系统的稳定性，即：

（1）当特征值均具有负的实部时，系统是渐进稳定的。

（2）当至少存在一个正实部的特征值时，系统是不稳定的。

（3）当特征值具有为零的实部，而其余特征值实部均为负值时，则有：线性系统，且零实部为单根，则零解稳定，但不渐进稳定；线性系统，且零实部为重根，则零解不稳定；非线性系统的一次近似系统，不能判断系统的稳定性。

特征分析法及其改进方法广泛应用于不同系统的稳定性分析，是输水发电系统稳定分析的最有效方法之一，其与时域仿真法结合，可以解决诸多实际问题。为应用现代控制理论来研究水轮机组的运行稳定性与控制问题，在得到水电站各系统非线性的且是分布参数数学模型的基础上，将其微扰线性化，将无穷级数取有限项的办法使分布参数系统按集中参数系统研究，建立描述水力—机械系统动态特性的状态方程，进行稳定性分析，然后可进一步基于建立起来的模型进行最优控制设计，并可用非线性的分布参数系统来仿真验证。

3. 结合特征线法和状态方程分析的联合算法

在进行水力—机械系统小扰动稳定性分析时主要采用两种方法：一种是基于状态方程的刚性水锤分析方法；另一种是基于特征线法考虑水体弹性的分析方法。两种方法在一定程度上可以互相验证、补充，以提高计算的可靠性。如状态方程法主要侧重系统稳定性分析，特征线法的计算则是通过数值计算结果来分析系统调节品质；基于状态方程的分析方法既可进行时域分析，又可进行频域分析，通过特征值虚部的数据特征可以确定系统不同干扰源对稳定性的影响；基于特征线法的分析只能进行时域分析，在已得到的稳定域的基础上进一步整定调速器参数值。

机组采用状态方程描述其转速变化特性，并且引入采用状态方程描述的调速器方程，各机组均充分考虑其非线性流量特性和效率特性。因此，机组运行稳定性分析也可采用以下流程进行计算：

（1）采用特征线法计算输水系统管道的水力瞬变，即计算出管道各断面的水头 H 和流量 Q。

（2）依据采用状态方程描述的机组运动方程，计算机组转速变化的相对值 φ。

（3）基于描述调速器的状态方程，计算机组导叶开度变化的相对值 μ。

（4）在已知机组 φ 和 μ 的条件下，计算机组的过机流量和进出口压力水头。

（5）重复上述过程，即可得机组的整个调节过渡过程。

特征线法和状态方程分析的时域仿真法结合，可以解决诸多实际问题。应用这一方法进行输水发电系统的机组运行稳定性研究，并且采用敏感性分析等方法，结合具体工程算例进行分析。同时，本节侧重于水轮机组和输水系统的小扰动稳定性分析，发电机、励磁系统、机组所在电力系统的影响，以及系统的最优控制问题可参见相关文献。

4.2.2.2 数学模型的建立

在数学模型的建立过程中，假设扰动是微小的，因而可略去微分方程中的高阶项。主要的基本方程包括输水系统水流运动方程、机组水力特性方程和运动方程、调速器方程等。

1. 输水系统数学模型

输水管道系统的状态方程常通过传递函数形式的模型来转换，所以应首先建立传递函数形式的管道模型。

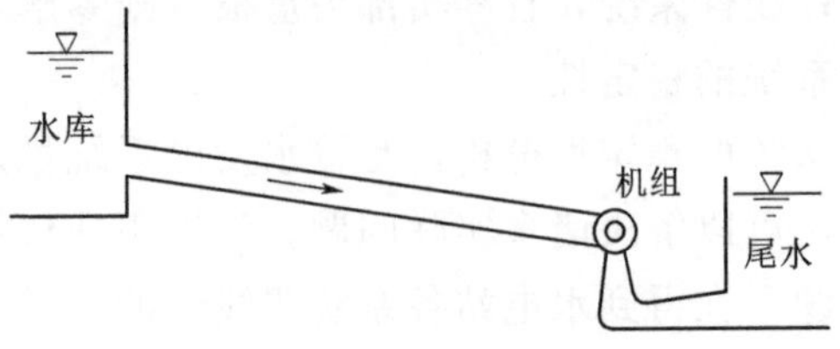

图 4.2.1 单机单管引水系统

（1）弹性模型。图 4.2.1 所示为单管单机引水系统。若管道内的水流发生了某种扰动并伴随有流量和压力的变化，水体和管壁产生的弹性变形对水锤压力值和整个过渡过程的影响不能忽略时，弹性变形就会以有限波速 a 的形式，将扰动沿管道传播。这时，可由流体力学中的水流运动方程式和连续性方程式进行水锤计算。

忽略管道中的摩擦损失和次要项，考虑弹性水锤时，单管单机引水系统的传递函数为

$$\frac{h^A(s)}{q^A(s)}=-2h_w \mathrm{th}\frac{T_r s}{2} \tag{4.2.10}$$

其中 $T_r=\dfrac{2L}{a}$（单一特性管道） 或 $T_r=2\sum\dfrac{L_i}{a_i}$（多特性管道）

$$h_w=\frac{T_w}{T_r}=\frac{aQ_r}{2gH_rA}$$

$$T_w=Q_rL/gH_rA$$

式中：T_r 为水锤波在管道 $A—B$ 断面间往返一次经历的时间，即管道反射时间或水锤

的相，s；h_w 为管道特性系数，表示在 T_w 时间间隔内水锤波往返的次数；T_w 为水流惯性时间常数，s。

在研究该调节系统的稳定性和动态品质时，必须考虑引水系统中水体的惯性；当管道较长时尚需考虑水体和管壁的弹性。若进行简化，由高等数学知：

$$\mathrm{th}x=\frac{\mathrm{sh}x}{\mathrm{ch}x},\quad \mathrm{sh}x=x+\frac{x^3}{3!}+\frac{x^5}{5!}+\cdots,\quad \mathrm{ch}x=1+\frac{x^2}{2!}+\frac{x^4}{4!}+\cdots$$

展开取前几项，则可得

$$\frac{h(s)}{q(s)}=-h_w\frac{T_rs+\frac{1}{24}T_r^3s^3+\cdots}{1+\frac{1}{8}T_r^2S^2+\frac{1}{384}T_r^4S^4+\cdots}$$

在作小扰动过渡过程计算时分子可取两项，分母取三项，将其展开可得

$$h=-\frac{384}{T_r^4S^4}h-\frac{48}{T_r^2S^2}h-h_w\frac{384}{T_r^3S^3}q-h_w\frac{16}{T_rS}q$$

也可分解成下述一阶微分方程组来描述引水系统的运动特性：

$$\left.\begin{aligned}\dot{h}&=h_1-16h_wq/T_r\\ \dot{h}_1&=h_2-48h/T_r^2\\ \dot{h}_2&=h_3-384h_wq/T_r^3\\ \dot{h}_3&=-384h/T_r^4\end{aligned}\right\}$$

式中：h_1、h_2、h_3 均是为建立一阶微分方程组而设立的非物理量。

(2) 刚性模型。如果将上述式中的 sh$x$ 和 ch$x$ 只取级数第一项，由式可得刚性水锤引水系统数学模型：

$$\frac{h^A(s)}{q^A(s)}=-h_wT_rs \tag{4.2.11}$$

因 $h_wT_rs=T_ws$，则可得

$$\frac{h^A(s)}{q^A(s)}=-T_ws \tag{4.2.12}$$

传递函数形式管道模型可经拉氏反变换后，用状态方程法求解。

2. 水轮机流量和力矩方程

水轮机力矩和流量的偏差化、标么化方程可写成如下形式：

$$\left.\begin{aligned}m_t&=m(y,h,x)\\ q&=q(y,h,x)\end{aligned}\right\}$$

或

$$\left.\begin{aligned}m_t&=e_xx+e_yy+e_hh\\ q&=e_{qx}x+e_{qy}y+e_{qh}h\end{aligned}\right\}$$

上述两式中 e_x、e_y、e_h、e_{qx}、e_{qy}、e_{qh} 六个参数即是机组动态过程中力矩和流量函

数对 x、y、z 的偏导数。应用水轮机综合特性曲线可求取这六个传递函数。

若机组流量及出力方程为

$$Q_i = D_{1i}^2 Q'_{1i}\sqrt{H_i}$$
$$P_i = \gamma Q_i H_i \eta_i$$

令机组流量变化相对值、水头变化相对值、转速变化相对值、开度变化相对值、出力变化相对值形式为

$$q = \frac{Q_t - Q_{t0}}{Q_{t0}}, \quad \xi = \frac{H_t - H_{t0}}{H_{t0}}, \quad \varphi = \frac{n - n_0}{n_0}, \quad \mu = \frac{\tau - \tau_0}{\tau_0}, \quad p = \frac{P - P_0}{P_0}$$

且

$$S_1 = \frac{\partial Q_{11}^*}{\partial n_{11}^*}, \quad S_2 = \frac{\partial Q_{11}^*}{\partial \tau^*}, \quad S_3 = \frac{\partial \eta^*}{\partial n_{11}^*}, \quad S_4 = \frac{\partial \eta^*}{\partial \tau^*}$$

$$Q_{11}^* = \frac{Q_{11}}{Q_{110}}, \quad \eta^* = \frac{\eta}{\eta_0}, \quad n_{11}^* = \frac{n_1}{n_{110}}, \quad \tau^* = \frac{\tau}{\tau_0}$$

令 $S_{5i} = S_{1i} + S_{3i}$，$S_{6i} = S_{2i} + S_{4i}$，$S_{7i} = \frac{1}{2}(1 - S_{1i})$，$S_{8i} = \frac{1}{2}[3 - (S_{1i} + S_{3i})]$，可写成

$$q = S_1\varphi + S_2\mu + S_7\xi$$
$$p = S_5\varphi + S_6\mu + S_8\xi$$

3. 机组运动方程和调速器方程

机组的运动方程为

$$I\omega\frac{\mathrm{d}\omega}{\mathrm{d}t} = P - P_G$$

令
$$p_G = \frac{P_G - P_{G0}}{P_{G0}}, \quad x = \frac{X - X_0}{X_0}, \quad S_P = \frac{\partial p_G}{\partial \varphi}$$

式中：P_G 为发电机吸收功率；X 为外负荷，$p_G = x + S_P\varphi$；S_P 为负荷自调节系数。则式可写为

$$\frac{\mathrm{d}\varphi}{\mathrm{d}t} = \frac{1}{T_a}(p - x - S_P\varphi)$$

其中
$$T_a = \frac{[GD^2]n_0^2}{365P_0}$$

式中 T_a 为机组启动时间常数。

机组调速器方程

$$T_d b_t \frac{\mathrm{d}\mu}{\mathrm{d}t} + b_p\mu = -\varphi - T_d\frac{\mathrm{d}\varphi}{\mathrm{d}t}$$

式中：T_d 为缓冲时间常数，s；b_t 为缓冲强度（暂态转差系数）；b_p 为残留不平衡度（永态转差系数）。

在机组小扰动稳定性分析中，给出调速器参数整定范围，一般可考虑斯坦因建议

值，即 $b_p+b_t=1.5\dfrac{T_w}{T_a}$，$T_d=3T_w$，$T_n=0.5T_w$，其中 T_w 为压力管道惯性时间常数。对于 PID 型调速器，依据公式 $K_P=\dfrac{1}{b_t}$、$K_I=\dfrac{1}{b_tT_d}$和$K_D=\dfrac{T_n}{b_t}$可转化得到相应的调节参数，即比例常数 K_P、积分常数 K_I 和微分常数 K_D。

4.2.3 调压室运行稳定性分析

水电站“引水—调压室”系统在负荷变化时发生水力瞬变，引起不同于水锤波的调压室水位波动。调压室水位波动的振幅随时间而变化，当其变化趋势随时间逐渐衰减时，则调压室的波动是稳定的。这种对调压室水位波动的稳定性分析，是保证水电站正常运行的重要研究课题。调压室波动的不稳定现象，首先发现于德国汉堡水电站，促使托马进行研究，提出了著名的调压室波动的衰减条件即以托马断面为极限最小面积。随着电力系统容量的增大和电器装置的完善，国内外一些电站在设计中考虑系统或调速器的作用等因素，采用了小于托马条件的调压室稳定断面的面积，有些电站的调压室面积已达到托马断面的40%左右。它的一个重要假定是波动的振幅是无限小的，即调压室的波动是线性的。因此，托马条件不能直接应用于大波动。

4.2.3.1 调压室的水位波动

调压室的水位波动分析和计算，传统上可以分为三个部分：调压室小波动稳定性分析、调压室大波动稳定性分析、调压室水位大波动计算。调压室小波动稳定性分析由于在小波动假定下进行，传统的线性系统理论中的稳定性分析方法都可以用，较常用的有特征方程法、频率响应法、根轨迹法，其中可以较好应用解析方法进行的以特征方程法为主。

当不考虑水击弹性时，引水隧道运动方程（刚性水击方程）为

$$\frac{\mathrm{d}Q_T}{\mathrm{d}t}=\frac{gA_T}{L_T}(H_R-Z-\beta_T|Q_T|Q_T) \tag{4.2.13}$$

其中

$$\beta_T=\alpha/A_T^2$$

式中：Q_P 为压力引水隧道流量；β_T 为压力引水隧道水头损失系数。

调压室水位运动方程为

$$\frac{\mathrm{d}Z}{\mathrm{d}t}=\frac{Q_T-Q_P}{A_S} \tag{4.2.14}$$

式中：Z 为调压室水位；Q_P 为压力管流量；A_S 为调压室稳定断面。

如果电站发生甩负荷，流量变为零，即 $Q_P=0$，同时忽略隧道水头损失简化为

$$\frac{\mathrm{d}Q_T}{\mathrm{d}t}=\frac{gA_T}{L_T}(H_R-Z)$$

$$\frac{\mathrm{d}Z}{\mathrm{d}t}=\frac{Q_T}{A_S} \tag{4.2.15}$$

该调压室系统将进入“无阻尼自由振荡”状态，即调压室水位作不衰减等幅波动。如果不忽略阻尼因素，振荡过程就会呈衰减趋势。调压室水位波动在导叶开度调节的作用下，不再是一种自由振荡，而且有可能进入一种不稳定状态。

4.2.3.2 调压室波动的稳定性

1. 小波动稳定断面的计算公式

如调压室水位发生一微小变化 x，调速器使水轮机相应地改变一微小的流量 q。压力水管的水头损失与流量的平方成正比，当流量为 Q_0+q 时，若略去高次微量 $\left(\dfrac{q}{Q}\right)^2$，则压力水管的水头损失为

$$h_{\omega m}=h_{\omega m0}\left(\frac{Q_0+q}{Q_0}\right)^2=h_{\omega m0}\left(1+2\frac{q}{Q_0}\right) \tag{4.2.16}$$

式中：$h_{\omega m0}$ 为压力管道通过流量 Q_0 时的水头损失值；$h_{\omega m}$ 为引水道通过流量 Q_0 时的水头损失值。

代入水轮机等出力方程，并略去微量 x 和 q 的乘积和二次项，化简后得

$$q=\frac{Q_0 x}{H_0-h_{\omega 0}-3h_{\omega m0}}=\frac{Q_0 x}{H_1} \tag{4.2.17}$$

其中
$$H_1=H_0-h_{\omega 0}-3h_{\omega m0}$$

当引用流量由 Q_0 变为 Q_0+q 时，引水道流速由 V_0 变为 V_0+y，y 为流速的微增量，得

$$Q_0+q=f(V_0+y)+F\frac{\mathrm{d}Z}{\mathrm{d}t} \tag{4.2.18}$$

因水位变化 x 是以电站正常运行时的稳定水位为基点，故 $Z=h_{\omega 0}+x$，$\dfrac{\mathrm{d}Z}{\mathrm{d}t}=\dfrac{\mathrm{d}x}{\mathrm{d}t}$，同时 $Q_0=fV_0$，故上式可简化为

$$q=fy+F\frac{\mathrm{d}x}{\mathrm{d}t}=\frac{Q_0 x}{H_1}$$

由此得

$$\left.\begin{aligned} y&=\frac{Q_0 x}{fH_1}-\frac{F}{f}\frac{\mathrm{d}x}{\mathrm{d}t}=\frac{V_0 x}{H_1}-\frac{F}{f}\frac{\mathrm{d}x}{\mathrm{d}t}\\ \frac{\mathrm{d}y}{\mathrm{d}t}&=\frac{V_0}{H_1}\frac{\mathrm{d}x}{\mathrm{d}t}-\frac{F}{f}\frac{\mathrm{d}^2x}{\mathrm{d}t^2}\end{aligned}\right\}$$

当流速 $V=V_0+y$ 时，若略去微量 y 的平方项，则引水道的水头损失为

$$h_\omega=\alpha(V_0+y)^2\approx\alpha V_0^2+2\alpha V_0 y=h_{\omega 0}+2\alpha V_0 y$$

又
$$\frac{\mathrm{d}V}{\mathrm{d}t}=\frac{\mathrm{d}(V_0+y)}{\mathrm{d}t}=\frac{\mathrm{d}y}{\mathrm{d}t}$$

将 h_ω、$\dfrac{\mathrm{d}V}{\mathrm{d}t}$和 $Z=h_{\omega 0}+x$ 代入，化简后得

$$x=2\alpha V_0 y+\frac{L}{g}\frac{\mathrm{d}y}{\mathrm{d}t}$$

将式中的 y 和$\dfrac{\mathrm{d}y}{\mathrm{d}t}$值代入上式，得“引水道—调压室”系统在无限小扰动下的运动

微分方程式，其形式为

$$\frac{d^2x}{dt^2}+2n\frac{dx}{dt}+P^2x=0$$

其中

$$\left.\begin{aligned}n&=\frac{V_0}{2}\left(\frac{2\alpha g}{L}-\frac{f}{FH_1}\right)\\P^2&=\frac{gf}{LF}\left(1-\frac{2h_{\omega0}}{H_1}\right)\end{aligned}\right\}$$

运动微分方程式代表一个有阻尼的自由振动，其阻尼项可能是正值也可能是负值。如阻尼为零，即 $n=0$，则波动永不衰减，成为持续的周期性波动。这时如不计水头损失，丢弃全负荷后的波动振幅 Z_* 和周期 T 分别为

$$Z_*=V_0\sqrt{\frac{Lf}{gF}}$$

$$T=2\pi\sqrt{\frac{LF}{gf}}$$

实际上阻尼总是存在的，用上式求出的振幅一般无实用价值（见前述），但研究指出，阻尼对波动周期 T 的影响很小，因而此式却常得到应用。例如用逐步积分法进行水位波动计算时，就可先用上式估算波动的周期，以便选择 Δt。

假定方程式的解为 $x=e^{\lambda t}$，代入得

$$\lambda^2+2n\lambda+P^2=0$$

此即该式的特征方程，其根 $\lambda_1=-n+\sqrt{n^2-P^2}$，$\lambda_2=-n-\sqrt{n^2-P^2}$ 有以下三种情况。

(1) $n^2<P^2$，则 λ 具有两个复根：

$$\lambda_1=-n+i\sqrt{P^2-n^2}$$

$$\lambda_2=-n-i\sqrt{P^2-n^2}$$

以此代入 $x=e^{\lambda t}$，方程式的两个特解为

$$x_1=\frac{C_1}{2}(e^{\lambda_1 t}+e^{\lambda_2 t})=C_1e^{-nt}\cos\sqrt{P^2-n^2}\,t$$

$$x_2=\frac{C_2}{2i}(e^{\lambda_1 t}-e^{\lambda_2 t})=C_2e^{-nt}\sin\sqrt{P^2-n^2}\,t$$

故得通解：

$$x=e^{-nt}\left(C_1\cos\sqrt{P^2-n^2}\,t+C_2\sin\sqrt{P^2-n^2}\,t\right)=x_0e^{-nt}\cos\left(\sqrt{P^2-n^2}\,t-\theta\right)$$

因此，调压室水位变化为一周期性波动，从上式不难看出：

若 $n>0$，因子 e^{-nt} 随时间减小，波动是衰减的。

若 $n<0$，波动随时间增强，因此是不稳定的（扩散的）。

若 $n=0$，系统的阻尼为零，为一余弦曲线，即为一持续的稳定周期波动，永不

衰减。

由以上讨论可知所代表的波动发生衰减的必要条件为 $n>0$，这一条件显然也是充分的，因为是在 $n^2<P^2$ 的条件下得出的。

(2) $n^2=P^2$，通解为 $x=e^{-nt}(C_1t+C_2)$，波动是非周期性的，衰减的条件为 $n>0$。

(3) $n^2>P^2$，即当阻尼很大时，式（10－47）的两个根全为实根，代入 $x=e^{\lambda t}$ 得通解 $x=C_1e^{\lambda_1 t}+C_2e^{\lambda_2 t}$。

解中无周期性因子，故波动是非周期的，衰减条件是 $\lambda_1<0$ 和 $\lambda_2<0$，即 $n>0$ 和 $P^2>0$。

通过以上讨论可知，为了使“引水道—调压室”系统的波动在任何情况下都是衰减的，其必要和充分条件是 $n>0$ 和 $P^2>0$。

根据 $n>0$ 得

$$F>\frac{Lf}{2\alpha gH_1}$$

上式指出，波动衰减的条件之一是调压室的断面积必须大于某一数值，令

$$F_k=\frac{Lf}{2\alpha gH_1}$$

F_k 为波动衰减的临界断面，通常称为托马断面。差动式调压室是用大井和升管断面之和来保证的。双室式调压室是用竖井的断面来保证的。由上式可知，水电站的水头越低要求的调压室断面积越大。

根据 $P^2>0$ 得

$$h_{\omega0}+h_{\omega m0}<\frac{1}{3}H_0$$

上式指出，为了保证波动衰减，引水道和压力水管水头损失之和要小于静水头 H_0 的 $\frac{1}{3}$。由于水头损失过大时极不经济，故此条件一般均可满足。

2. 大波动的稳定性

当调压室的水位波动振幅较大时，不能再近似地认为波动是线性的。因此，托马条件不能直接应用在大波动。非线性波动的稳定问题是一个困难问题，目前还没有可供应用的严格的理论解答。解决“引水道—调压室”系统大波动稳定问题的最好方法是逐步积分法，它可以考虑一切必要的因素（如机组效率变化等），求出波动的过程，研究其是否衰减。

研究证明，如小波动的稳定性不能保证，则大波动必然不能衰减。为了保证大波动衰减，调压室的断面必须大于临界断面，并有一定的安全裕量，一般乘以 1.05～1.1，目前偏向于采用较小的数字。

4.2.3.3　影响波动稳定的主要因素

在以上推导中，引入了以下基本假定：波动是无限小的；电站单独运行，不受其他

电站影响；调速器严格地保持出力为常数；机组的效率保持不变等。这些假定无一不是近似的。在设计调压室时，不能满足于简单地运用某一理论，重要的是对各种因素的具体分析。下面我们分别讨论影响调压室波动稳定的一些主要因素。

1. 水电站水头的影响

水电站的水头越小，要求的稳定断面越大。因此，中低水头水电站多采用简单式、差动式或阻抗式调压室；在高水头水电站中，要求的稳定断面较小，常受波动振幅控制，多采用双室式调压室。

调压室的稳定断面应采用水电站在正常运行时可能出现的最低水头进行计算。

2. 引水系统中糙率的影响

引水系统的糙率越大，水头损失系数 α 越大，F_k 越小（虽然 H_1 随糙率的增大而减小，有使 F_k 增大的趋势，但其影响远不如 α 显著），为了安全，计算 F_k 时应采用可能的最小糙率。

3. 调压室位置的影响

因 $H_1=H_0-h_{\omega0}-3h_{\omega m0}$，在引水路线不变的情况下，调压室越靠近厂房，压力水管越短，H_1 值越大，有利于波动的衰减。因此应使调压室尽量靠近厂房。

4. 调压室底部流速水头的影响

研究证明，调压室底部的流速水头对波动的衰减起有利的影响，其作用与水头损失相似，但并不减小水电站的有效水头。若调压室底部的流速为 V 与引水道其他部分的流速相同，则在 α 系数中应包括流速水头及局部损失的影响，得到考虑流速水头后的 F_k 值。

可以看出，引水道的直径越大，长度越短，流速水头的影响越显著，在这种情况下，进口、弯段等局部损失也常占很大的比重，不能忽视。

实际上，调压室底部的水流是极其紊乱的，尤其当调压室水位较低时更为显著，因此，考虑全部流速水头可能是不安全的。若调压室底部和引水道的连接处断面较大（像简单调压室那样），则不应考虑流速水头的影响。

5. 水轮机效率的影响

在前面的推导中，我们假定水轮机的效率 η 为常数，实际上，水轮机的效率随着水头和流量的变化而变化，对于单独运行的水电站，当调速机保持出力为常数时，建议按下式计算 F_k，即

$$F_k=\frac{Lf(1+\Delta)}{2\alpha g\left[H-2h_{\omega m0}(1+\Delta)\right]} \tag{4.2.19}$$

其中

$$\Delta=\frac{H}{\eta_0}\frac{\Delta\eta}{\Delta H}$$

式中：H 为恒定情况下水轮机的净水头；Δ 为水轮机效率变化的无因次系数，η_0 为恒定情况下，Δ 对应于净水头 H 的机组效率。

根据水轮机综合特性曲线，在此曲线上定出水头为 H 时的水轮机效率 η；$\frac{\Delta\eta}{\Delta H}$ 为曲

线在该点的斜率，可绘制出力为常数的关系曲线 $\eta=f(H)$。

从而可知，调压室的临界断面 F_k 决定于水电站在最低水头运行之时，即相应于效率曲线最高效率点的左边，故效率的变化对波动衰减不利。

6. 电力系统的影响

水电站一般多参加电力系统运行。对于单独运行的水电站，当调压室的水位发生变化时，出力为常数的要求是由自身的调速器单独来保证的。如水电站参加电力系统运行，当调压室水位发生变化时，由系统中各机组共同保证系统出力为常数，而水电站本身的出力只有较小一些的变化，因此，参加电力系统运行有利于调压室波动的衰减。

托马条件虽有各种近似假定，但目前仍不失为调压室设计的一个重要准则。在设计调压室时应根据具体情况进行具体分析。

4.2.4 输水发电大波动水力过渡过程分析

由于输水发电系统的过渡过程多数是受调速器动作而产生，故而也称水力过渡过程为调节保证计算。调节保证计算包括小波动计算和大波动计算，前文所述稳定性分析即为小波动计算。大波动过渡过程计算则是指，丢弃全部或较多部分负荷时，结合水力—机械系统布置优化以及调压室的设置分析和体型优化，采用特征线法进行水力—机械系统整体布置的合理性和强度评价。主要内容包括：机组在各种正常工况和组合工况下，蜗壳进口处最大内水压力值、尾水管进口处的最小内水压力值（尾水管真空度）和机组最大转速上升值，以及相应的过渡过程曲线等；对于两机或多机存在水力联系且共用调压室的水力发电系统，要求通过大波动过渡过程计算分析，给出保证输水系统安全的机组增荷以及相继增荷运行规定，为设计部门提供依据。

4.2.4.1 过渡过程数值计算方法

1. 尾水管和蜗壳当量管的计算

在过渡过程计算中，水轮机流量和力矩特性一般是通过稳定工况条件下的转轮模型综合特性曲线确定，这些特性曲线中没有包括水轮机尾水管和蜗壳不稳定工况水流惯性的影响。在引水管道很长的情况下，由于尾水管和蜗壳水流惯性在整个水系统中所占的比例很小，可以不考虑它们的影响。但是，如果引水管道较短，则应考虑尾水管和蜗壳水流惯性的影响。常采用当量管来代替实际尾水管和蜗壳。

在计入蜗壳水流惯性的影响时，相当于水轮机上游压力管道出口增加一段面积为 A_{se} 长为 L_{se} 的管道，称为蜗壳的当量管；而考虑尾水管水流惯性的作用，相当于尾水管用一段面积为 A_{te} 长为 L_{te} 的管道代替，称为尾水管的当量管。这些当量管中的水锤过程，同样可以采用特征线方法求解。

(1) 尾水管。水轮机的尾水管一般由三个基本部分组成：锥管、肘管和扩散管。在当量管的前提条件下，有

$$\int_L \frac{\mathrm{d}l}{A}=\int_0^{h_3} \frac{\mathrm{d}l}{A}+\int_0^{L_2} \frac{\mathrm{d}l}{A}+\int_0^{L_3} \frac{\mathrm{d}l}{A} \tag{4.2.20}$$

其中

$$L_3=L-L_1$$

式中：h_3 为锥管高度，m；L_2 为肘管中心线长，m；L_3 为扩散管长度，m。

令尾水管当量管长度等于锥管高度、肘管中心线长度和扩散管长度之和，即 $L_{te}=h_3+L_2+L_3$。当量管的面积满足下式：

$$\frac{L_{te}}{A_{te}}=\int_0^{h_3}\frac{\mathrm{d}l}{A}+\int_0^{L_2}\frac{\mathrm{d}l}{A}+\int_0^{L_3}\frac{\mathrm{d}l}{A} \tag{4.2.21}$$

方程式（4.2.21）右边积分可分别针对锥管段、肘管段和扩散段，进行细分，化为离散格式计算可得，右端各项可分别定义为 e_1、e_2、e_3。则可得尾水管当量管面积的计算公式为

$$A_{te}=\frac{h_3+L_2+L_3}{e_1+e_2+e_3} \tag{4.2.22}$$

在水力机组过渡过程计算分析中，对应的尾水扩散段以及锥管段和肘管段之和均采用当量管径的确定方法，由于尾水管的水头损失已在水轮机的效率中考虑，因此计算中不计尾水管的水头损失。通常，与尾水道的面积比较，尾水管的当量面积相对较小，因此对尾水管进口的水锤压力影响较大，特别是对尾水管进口真空度的影响，在过渡过程计算时应予以充分重视。

（2）蜗壳。在蜗壳水力计算中，通常假定蜗壳各断面的圆周向分速度相等，即 $V_u=C$，进而进一步计算蜗壳各断面的流量。因此，在确定蜗壳当量管时，可近似把蜗壳看成一等直径管道，其直径为蜗壳进口直径，其长度可取为蜗壳中心线长度的一半，该简化虽较为粗略，能满足计算精度要求。

在水力机组过渡过程计算分析中，管段分段和长度应考虑蜗壳当量管长度，可以附加在与蜗壳进口直接连接的压力钢管段中，由于蜗壳的水头损失已包含在水轮机的效率中，计算中同样不计蜗壳的水头损失。相对于水电站引水道的长度而言，蜗壳当量长度较小，特别是在高水头水电站中，机组尺寸较小，蜗壳当量长度也进一步减小，而引水道的长度更长，因此，蜗壳尺寸对水锤的影响更小，在一定情况下可以不考虑其影响。

（3）输水管道波速的调整。为了便于过渡过程计算分析，涉及有两条管道以上的多管路系统时，对所有管子都应取相同的时间增量，已知各管道的长度 l_i，假定各管道的分段数目 N_i，令各管段的波速为 a_i，分段长度与积分时间步长满足：

$$\Delta t=\frac{l_i}{a_iN_i} \tag{4.2.23}$$

式中：N_i 是整数，即为第 i 条管系的分段数。

在大多数情况下，这个关系不会恰好满足。然而由于各管段的波速值也并不是十分精确的，在管道分段和计算时间步长的确定过程中，各段波速需要进行适当的调整，以满足统一时间步长的要求，以求取分段数 N_i。此时可将式（4.2.23）写成：

$$\Delta t=\frac{l_i}{a_i(1+\varepsilon)N_i} \tag{4.2.24}$$

式中：ε 为波速的允许相对偏差，$\varepsilon\leqslant15\%$。

依据式（4.2.24），从第一根管道开始进行试算：在统一的 Δt 下，使 N_i 为整数，同时所有各管的 ε 均不大于 15%，则满足要求。如不满足，则可减小 Δt 再进行试算。

这种对波速进行微量调整以满足公共时步的做法比改变管长办法合理有效。为保证最大公约数不太小，一般可针对短管进行波速调整（对于极限水锤及中、低水头电站，波速对水锤控制值影响较小）。

2. 水轮机组边界条件

在水轮机组的过渡过程计算分析中，主要边界条件包括机组节点、上游水库节点和下游尾水节点等，同时对于多级两机或多机共管路布置的水电站，还有引水分岔点或尾水分岔点；在一些长输水系统水电站中，为了改善机组的运行条件、提高其运行稳定性，同时降低压力管道的水锤，还需依据规范要求设置不同类型的调压室，包括阻抗式调压室、差动式调压室以及气垫式调压室等。正确处理和模拟相应的计算边界条件，对于水轮机组的过渡过程研究以及调节控制至关重要。机组节点边界条件及其他诸如调压室、变特性串联管、上游水库进水口、下游尾水出口和分岔点等节点参见第2章相关内容。

机组瞬态出力可按以下方法求取：

（1）当导叶开度大于空载开度时，依据机组综合特性曲线得到的水轮机效率 $\eta=f_2(n_{11},y)$，计算机组出力为

$$P(t)=9.81Q_T(t)\eta[H_1(t)-H_2(t)] \tag{4.2.25}$$

（2）当导叶开度小于空载开度时，可近似按下式计算：

$$P(t)=9.81Q_T(t)\eta[H_1(t)-H_2(t)]-P_x\left[\frac{n(t)}{n_r}\right]^2 \tag{4.2.26}$$

其中

$$P_x=9.81Q_xH_{T0}$$

式中：Q_x 为对应 H_{T0} 水头下的水轮机空载流量，m^3/s；H_{T0} 为初始稳定运行状态的水轮机工作水头，m。

4.2.4.2　大波动过渡过程计算流程

大波动过渡过程计算分析是检验和校核已建或新建水电站的布置合理性和设计可靠性的重要手段，对水电站的设计方案进行合理有效的评估，同时为电站的设计和运行提供可靠的依据。目前，我国部分有条件的已建水电站在结合机组更新改造、提高机组出力和效率的同时进行改造增容，或者为了利用电站的弃水而扩建机组，若改造机组或扩建机组利用原设机组的引水系统，且和原设机组共用部分引水系统，引水系统的强度是否仍然符合强度和稳定设计要求，以及机组转速和原设机组的关闭规律是否满足调节保证要求，这直接影响到改造增容电站或扩建增容电站的安全稳定运行，有必要进行大波动过渡过程计算作进一步的分析和校核。

基于第2章一维瞬变仿真理论，输水发电系统的大波动过渡过程可采用下述流程计算：

（1）输入输水系统管道参数、机组台数及工况参数、机组导叶关闭（开启运行规律）和机组模型特性曲线的离散数据，并将模型参数换算成原型参数。

（2）确定各管道的分段长 Δx、时间步长 Δt 以及分段数 N_s 等。

（3）计算各机组初始稳定工况的参数值 H_{T0}、Q_{T0}、P_{m0} 等，并求解管道计算节点

的水头 H_{P0} 和流量 Q_{P0}，或水位 Z_0 等。

(4) 给定机组运行控制方式，包括增负荷和甩负荷、扰动或受扰机组等。

(5) 输出任一时刻水力—机械系统控制参数的瞬态值，赋 $t=t+\Delta t$，且置前一时刻机组和管道参数瞬态值作为迭代计算初值。

(6) 若机组或受扰机组为小扰动，则求解小波动过渡过程瞬态参数；否则根据给定导叶启闭规律插值求出本时间步的导叶开度 Y，进而求解机组大波动瞬态参数 H_T、Q_T 和 P_m 等。

(7) 采用特征线法求解各管道内部节点和边界点的瞬态参数 H_P、Q_P 和 Z 等。

(8) 若计算时间 $t>t_{max}$，确定有关瞬态参数的极值和发生时刻，输出必要的计算分析成果；否则返回步骤 (5) 再次运算程序。

4.2.5 输水发电水力干扰水力过渡过程分析

4.2.5.1 水电站的水力干扰现象

机组之间的水力干扰主要发生在引水式水电站工程中，当两台机组或多台机组之间存在共同水道联系，不可避免地会出现机组间的水力干扰问题，此时这些机组也可被认为是共享同一个“水力单元”。同一单元均在正常运行的机组，若其中一台机组发生状态改变时（如增、甩负荷），就会引起共用水道或调压室中的流量压力变化，从而对其他机组的正常运行造成干扰，影响水电站的供电品质。

同一水力单元机组间的水力干扰是不可能完全避免的，但水力干扰相对大波动过渡过程而言，其造成安全风险的可能性较低。因此，相关设计规范中也少有对机组间水力干扰提出的要求。但是，随着水电工程规模的越来越大，引水距离与引水量以及单机容量都在不断增加，机组出力可能的较大摆动会直接影响到机组的安全稳定运行；对于处于空载状态等待并网的机组，若受到因同一单元机组增荷或甩荷而产生的水力干扰的影响，有可能会引起空载机组转速过大的波动，导致机组频率不稳定，直接影响到正常并网。水力干扰对运行机组的影响程度取决于机组带荷水平及在电网中的作用，以及机组的运行和调节方式。

因此，对于机组之间存在水力联系的水电站而言，在电站发生水力干扰时，必须通过控制工况进行水力干扰计算。分析运行机组的运行稳定性和出力的摆动，以及调节品质是否满足要求，从而对输水系统在水力干扰方面可能出现的安全隐患进行研究。

4.2.5.2 输水系统水力干扰计算方法

输水系统水力干扰的计算类似于前文机组运行稳定性分析所提的算法，主要基于结合特征线法和状态方程分析的联合算法。在进行水力—机械系统的水力干扰稳定性分析（调速器参与调节）时，不论是增—甩负荷机组还是受扰机组，采用状态方程描述其转速变化特性，并且引入采用状态方程描述的调速器方程，均充分考虑其非线性流量特性和效率特性。其主要流程可概括为以下方面：

(1) 采用特征线法计算输水系统管道的水力瞬变，即计算出管道各断面的水头 H 和流量 Q。

(2) 依据采用状态方程描述的机组运动方程，计算受扰机组转速变化的相对值 φ。

(3) 基于描述调速器的状态方程，计算受扰机组导叶开度变化的相对值 μ。

(4) 在已知受扰机组 φ 和 μ 的条件下，计算受扰机组的过机流量和进出口压力水头。

(5) 采用大波动过渡过程计算流程，确定扰动机组（增荷或甩荷机组）的瞬态参数，包括机组进出口测压管水头、机组转速、机组流量和机组开度等。

(6) 重复上述计算流程，即可得受扰机组的整个调节过渡过程和扰动机组的大波动过渡过程。

在水力干扰稳定性分析中，时间步长 Δt 由特征线法的稳定性条件（库朗条件）确定。由于水力干扰受扰程度较小扰动严重，需要考虑调速器的主要非线性环节。

4.2.5.3 机组调节品质评价指标

1. 调速器模型

调速器的数学模型见前文，在水力干扰过渡过程计算分析中，采用并联 PID 型调速器模型，并考虑其中关键的非线性环节，可用常微分方程表示为

$$\left.\begin{aligned}
&\frac{\mathrm{d}y_1}{\mathrm{d}t}=-\frac{k_P}{T_{y1}}\phi-\frac{1+k_Pb_p}{T_{y1}}y_1+\frac{1}{T_{y1}}x_I+\frac{1}{T_{y1}}\\
&\frac{\mathrm{d}\mu}{\mathrm{d}t}=\frac{1}{T_y}y_1-\frac{1}{T_y}\mu\\
&\frac{\mathrm{d}x_I}{\mathrm{d}t}=-k_I\phi-k_Ib_py_1\\
&\frac{\mathrm{d}x_D}{\mathrm{d}t}=-\frac{k_D}{T_n}\frac{\mathrm{d}\phi}{\mathrm{d}t}-\frac{k_Db_p}{T_nT_{y1}}[-k_P\varphi+x_I+x_D-(1+k_Pb_p)y_1]-\frac{1}{T_n}x_{D1}
\end{aligned}\right\}$$

式中：ϕ、y_1、x_I、x_D、μ 均为相对值；T_n 为微分环节时间常数，k_P、k_I、k_D 分别为比例常数、积分常数和微分常数；T_y、T_{y1} 为随动系统常数。

(1) 测速环节限幅非线性。

$$\left.\begin{aligned}
&\phi=x &&(\phi_{\min}\leqslant x\leqslant\phi_{\max})\\
&\phi=\phi_{\max} &&(x\geqslant\phi_{\max})\\
&\phi=\phi_{\min} &&(x\leqslant\phi_{\min})
\end{aligned}\right\}$$

(2) 接力器行程限制。设导叶初始相对开度为 μ_0，则有

$$\mu=\begin{cases}1-\mu_0 & (\mu\geqslant 1-\mu_0)\\ \mu & (1-\mu_0>\mu>-\mu_0)\\ -\mu_0 & (\mu\leqslant-\mu_0)\end{cases}$$

2. 调节品质分析

对于受扰机组或小扰动机组而言，典型的机组转速动态过程线如图 4.2.2 所示。

设 n_0 为转速初始值，n_t 为发生扰动后的转速稳定值，$n_{\max}$ 为第一振荡波峰（或波谷）值，n_1 为第一振荡波谷（或波峰）值，n_2 为第二振荡波峰（或波谷）值，$\Delta n_0=n_t-n_0$，$\Delta n_1=n_1-n_t$，$\Delta n_2=n_2-n_t$，有以下定义：

(1) 调节时间 T_p：转速振荡峰值与稳定值 n_t 间的相对偏差不大于?Δ 的时间，一

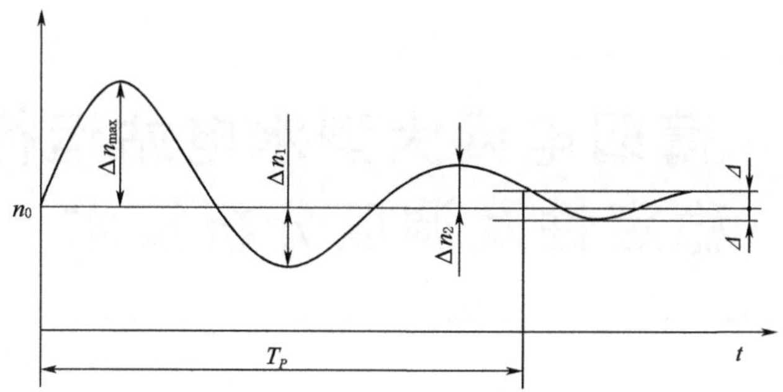

图 4.2.2　典型的机组转速动态过程线

般为 0.4%或 0.2%。

（2）振荡次数 x：振荡时间 T_p 内振荡波峰个数的一半。

（3）最大偏差 Δn_{max}：

$$\Delta n_{max}=n_{max}-n_t$$

（4）超调量 δ：

$$\delta=\frac{\Delta n_{max}}{\Delta n_0}(n_t\neq n_0)\text{或 }\delta=\frac{\Delta n_1}{\Delta n_{max}}\quad(n_t=n_0)$$

（5）衰减度 ψ：

$$\psi=\frac{\Delta n_{max}-\Delta n_2}{\Delta n_{max}}$$

5　薄弱电网大型水电站运行稳定性及调度分析技术

前文所提某水电站水力学条件较为复杂，具有水头低、流量大、尾水隧洞长大等特点，并且该水电站位处欠发达地区，电网极其薄弱，运行要求极为苛刻。现阶段引水发电系统的布置、机组以及主要附属设备譬如调速器、筒形阀等供货厂家均已确定，具备了详细研究机组运行方式的前提条件。

根据水轮机微机调速器对水轮发电机组的调节与控制情况，可将水轮发电机组简单地分为三种稳定状态，即正常运行、空载、停机等待。此外，水轮发电机组运行工况转换过渡过程有启动、运行机组增减负荷、一次调频、发电机从电网切除时的甩负荷及停机，以上各过渡过程的研究对水电站安全运行有着重要意义。随着水电建设与科学技术的发展，对水电站安全运行的研究已不仅仅局限于极值参数的计算而且应包含对各种过渡过程的研究，即把极值参数、稳定、动态品质统一起来进行考察，以寻求合理的控制方式，以提高水电站运行的可靠性、速动性及灵活性。

针对目前引水发电系统的布置情况，并结合其所处地区电网及相关标准，对该水电站机组运行方式进行全面、深入研究。通过找出规律，制定合理的运行指导方案和预防措施，在保证机组安全、稳定运行的同时，尽可能提高电能质量，同时对机组在调试过程中可能出现的异常情况进行分析并提供应对措施。

5.1　薄弱电网范围以及现状

5.1.1　薄弱电网的定义

薄弱电网指的是电力系统中由于各种因素导致的电网能力不足以满足电力需求的区域。这些区域通常表现为电网的电压不稳定、频繁的电力中断，以及输电和配电能力的不足。通常来说有以下几个特征：

（1）电力供应不稳定：在薄弱电网范围内，由于电网负荷过重、电力基础设施老化或维护不足等因素，电力供应可能出现频繁的波动和中断。

（2）电压波动：薄弱电网范围内，电压水平可能不稳定，频繁出现超高或超低电压情况。这种电压不稳定会影响到电力设备的正常运行，甚至可能导致设备损坏。

（3）传输和配电能力不足：在这些区域内，电网的输电线路和配电网络可能未能充分支持区域内的电力需求增长，从而导致电网超负荷运行。

（4）技术和维护限制：薄弱电网区域通常面临技术水平不足和维护资源有限的问题，所以对于老旧设备、技术支持可能无法在短时间内进行调整。

5.1.2 电网现状

某水电站所处地乌干达的电网系统面临一系列挑战和机遇。尽管近年来政府和投资者对电力基础设施进行了一定的改进，但电网系统仍然面临着如下等诸多问题。

（1）电力供应不足。乌干达的电力供应能力与需求之间存在差距。虽然国家已投资大型水电项目以增加电力供应，但整体发电能力仍然不足以满足全社会的需求，尤其是在高峰期和偏远地区。

（2）基础设施老化。许多电力基础设施（包括输电线路和变电站）相对老旧，维护和更新不及时，这对电网的稳定性和可靠性造成了较大的影响。

（3）电力基础设施不均衡。城市和乡村地区之间的电力供应差异明显，城市地区通常有较为稳定的电力供应，而乡村地区则面临更大的供应不稳定性和电力短缺问题。

（4）技术和管理问题。电力管理和运营中的技术水平和管理效率较低，电力系统的调度和监控技术尚有欠缺，导致电力供应和需求的匹配问题。

5.1.3 薄弱电网的原因

5.1.3.1 电力需求增长快于供应

乌干达的电力需求增长速度较快，而电网的扩展和电力供应能力未能同步协调，导致了电力供应短缺和电网过载问题。

5.1.3.2 基础设施投资不足

尽管有一些新项目投资，但总体上电网基础设施的投资和维护仍不足，老旧设备的高故障率和电力系统的维修延迟也加剧了电网的薄弱状态。

5.1.3.3 电力传输和分配效率低

电网的传输和分配网络存在效率低下的问题。由于技术和管理上的不足，电力在输送过程中可能会遭遇较大的损耗，进一步影响电网的稳定性。

5.1.3.4 经济和地理挑战

水电站所处地区经济发展水平较低，地理条件复杂，尤其是偏远和乡村地区的电力基础设施建设成本高，投资不足以及维护资源匮乏使得这些区域的电网更为薄弱。

5.1.3.5 系统损失

电力系统中的技术损耗也影响了电力供应的可靠性。

5.2 水轮机调速器控制模式简介

水轮机调速器负责开机、增减负荷及并网运行等控制任务，某水电站调速器采用并联 PID 的控制结构，其控制结构的一般形式如图 5.2.1 所示。

图 5.2.1 中：b_p 为永态转差系数；K_p、K_i、K_d 分别为比例、积分及微分增益；T_n 为微分滤波时间常数；f_c、Y_c、P_c 分别为频率、开度及功率给定；f_g、P_g 分别为机组频率与功率；e_f、e_Y、e_P 分别为人工频率、开度与功率死区；Y_{PID} 为微机调节器的输出；$\pm\Delta$ 为开环增益环节，其能够提高微机调节器对开度或功率给定的响应速度。

水轮机调速器一般具有三种调节模式，即频率、开度及功率调节模式。

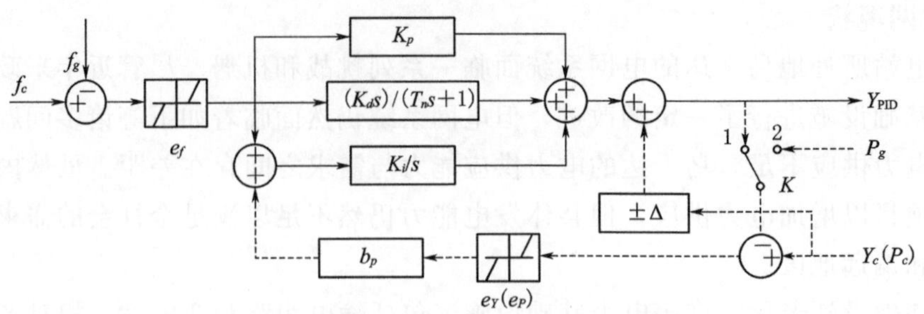

图 5.2.1 调速器控制结构一般形式

1. 频率调节模式

频率调节模式适合机组空载运行、孤网运行或接入大电网以调频方式运行等情况。该模式下，微机调节器为双输入单输出控制系统，输入为 f_c 与 Y_c，输出为 Y_{PID}；此时，e_f、e_Y、e_p 应全部切除，并采用 PID 控制规律；调差的反馈信号取自 YPID（开关 K 置于 1 处）。

2. 开度调节模式

开度调节模式为机组并入大电网运行时可采用的一种调节模式，其适用于需频繁改变出力或水头变化幅度较小的水电机组。该模式下，微机调节器为双输入单输出控制系统，输入为 f_c 与 Y_c，输出为 Y_{PID}；此时 e_f、e_Y、e_p 应全部投入运行，且采用 PI 控制规律，即微分环节切除；调差的反馈信号取自 Y_{PID}（开关 K 置于 1 处）。

3. 功率调节模式

功率调节模式为机组并入大电网后带基荷运行时应优先采用的一种模式，其适合水头变化频繁或变化幅度较大的水电机组。该模式下，微机调节器为双输入单输出控制系统，输入为 f_c 与 P_c，输出为 Y_{PID}；此时 e_f、e_Y、e_p 将全部投入运行，且采用 PI 控制规律，即微分环节切除；调差的反馈信号取自 P_g（开关 K 置于 2 处）。

5.3 机组开机特性研究

水轮机从开机、空载到并网是机组最不稳定的过渡过程，是较恶劣的运行工况。由于水电机组在电力系统中通常都承担着调峰、调频和事故备用等任务，要求机组尽可能短的时间内，从静止状态到达空载平稳状态进而并网带负荷运行。在此过程中应尽量使水道系统产生的水击压力和调压室水位波动尽可能小、机组转动力矩与机组轴向水推力小等。若开机不合理，除了会延长开机时间、引起机组水力激振外，还会造成水轮机叶片产生裂纹，机组振动增强，对电厂内人身安全造成巨大的威胁。因此，合理的开机规律是电站乃至电网的安全稳定运行前提条件。

5.3.1 计算依据及控制指标

根据《水轮机控制系统技术条件》（GB/T 9652.1—2019）中有关机组启动性能的规定与要求为：机组启动过程中时间 t_{SR} 不得大于时间 $t_{0.8}$ 的 5 倍。图 5.3.1 中：$t_{0.8}$ 表示转速或频率从 0 上升至 80％额定值的时间；t_{SR} 表示转速或频率从 0 上升至与额定值偏差小于$+1\%\sim-0.5\%$的时间；t_S 表示发电机同期并网的时间。

工程实际应用中对水轮发电机组开机的性能要求可以归纳如下：

(1) 缩短机组从接收到开机指令至转速达到额定转速的时间，以利于机组快速进入空载运行状态和同期并入电网运行。

(2) 减小开机过程中机组轴承受到的轴向水推力。

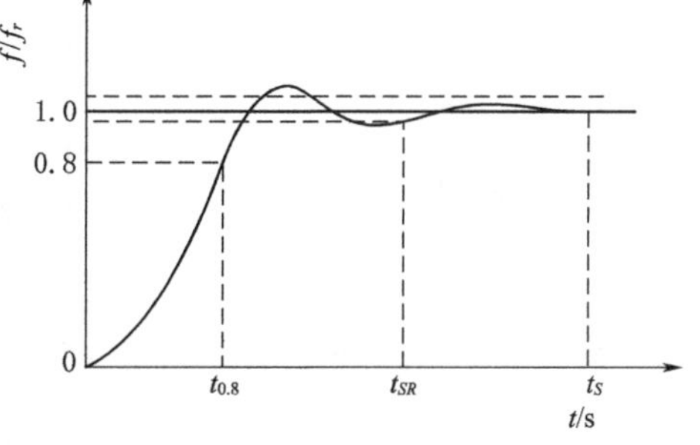

图 5.3.1 机组启动到同期并网过程曲线

(3) 降低开机过程中水轮机力矩和轴向水推力的波动。

(4) 保证机组有压引水管道的压力变化小。

5.3.2 机组开机控制规律对比分析及选择

水轮机调节系统采用的开机控制方式主要有开环控制、闭环跟踪控制、开环闭环相结合控制。

5.3.2.1 开环控制开机

国际上水电厂普遍采用的开机规律为开环控制，即接力器两段开度开机规律。该开机过程可以描述如下：

第 1 阶段：当机组接收到开机指令后，接力器将导叶开启至第 1 段开机开度 y_{st1}，机组频率 f 上升。第 1 段开机开度主要影响开机过程初期机组频率上升的速率，y_{st1} 大，对应第 1 阶段的机组频率上升快；y_{st1} 小，对应第 1 阶段的机组频率上升慢。

第 2 阶段：当机组频率大于某一设定切换频率值 f_{12} 时，接力器将导叶关闭至第 2 段开机开度 y_{st2}，机组频率 f 继续上升。第 2 段开机开度主要影响开机过程中期机组频率上升的速率，它使得第 2 阶段机组频率上升的速率小于第 1 阶段，以便在第 3 阶段平滑地切换到调速器 PID 调节。

第 3 阶段：当机组频率上升到 PID 环节投入频率 f_{PID} 时，调速器自动投入 PID 环节，直到接力器控制导叶稳定在空载开度 y_0，机组频率稳定在额定频率附近。第 3 阶段开机的动态性能主要取决于调速器 PID 参数选择，必须选择与被控系统参数相适应的调节参数。

5.3.2.2 闭环开机控制

闭环开机控制策略是设置开机时的转速上升期望特性作为频率给定，在整个开机过程中，调速系统自始至终处于闭环调节状态，实际频率跟踪频率给定曲线上升，即依靠调速器闭环调节能力，使机组实际转速上升跟踪期望特性，从而达到适应不同机组的特性、快速而又不过速的要求。

闭环开机的关键是如何设置开机的期望频率给定曲线，常见的期望转速设置有一段直线规律、按两端直线规律和按指数曲线规律变化等方式，具体如图 5.3.2 所示。

闭环控制开机的前提条件是要能检测到较低的机组转速，微机调速器原则上能够检测 1Hz 以下的信号，但是为了消除噪声的影响，残压测频最低信号幅值为 0.2～0.5V，

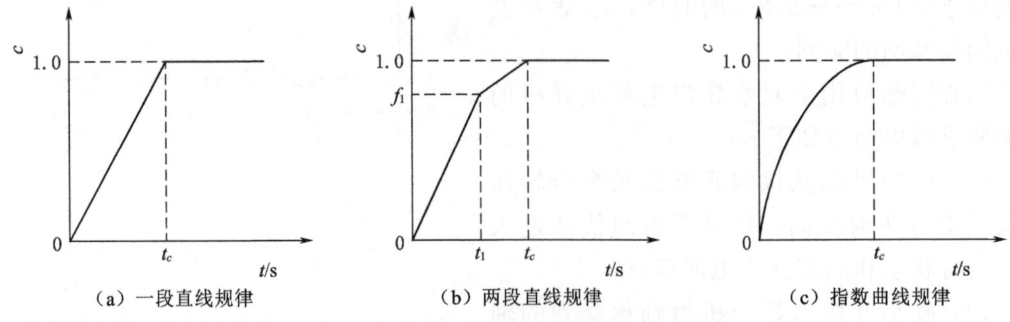

（a）一段直线规律　（b）两段直线规律　（c）指数曲线规律

图 5.3.2　机组闭环开机期望转速上升曲线

按照额定转速下残压 1～2V 折算，实际上有效最低测量频率在 5～25Hz，考虑到长期停机转子剩磁会减小，设计时留有一定的裕量，认为大于 30Hz 信号才十分可靠。通常闭环开机转速给定值一开始上升较快，但此时却没有转速信号反馈，等到能检测到机组转速时，导叶可能已开到远大于空载开度的位置，之后转速上升很快，将大大超过额定转速。

5.3.2.3　开环＋闭环控制开机

开环＋闭环控制开机规律结合了开环控制开机和闭环控制开机的优点，能够很好解决开机过程中快速性与平稳性之间的矛盾。该控制规律先通过开环控制进行转速的提升，使机组转速接近额定转速，然后进入闭环控制，利用自动调节作用进行转速的细调。具体过程可以描述如下：

当机组接收到开机指令后，调速器在开度控制方式下将开度给定值设置为启动开度 y_{st}，并将频率给定值设置为 f_{PID}，接力器开度迅速开启至启动开度 y_{st}。

一旦机组频率上升至 f_{PID}，PID 调速器自动投入，同时频率给定将按期望上升曲线从 f_{PID} 变化到额定频率 f_r，机组频率能较平滑地进入 f_r 附近。

一般而言，调速器启动开度最小值可设定在空载开度以下（40Hz 空转对应的开度稍上），启动开度最大值可设定在 2～4 倍空载开度。对于水头变幅较大的机组，设定的启动开度取最低水头下空载开度的 1.2 倍，该启动开度能可靠保证进入 PID 调节阶段，而该启动开度一般不会大于最高水头下空载开度的 2～4 倍，因而也不需要担心机组过速。

虽然开环开机规律与“开环＋闭环”开机规律具有类似的过程，但是开环开机进入 PID 调节时刻的机组频率为 45Hz、频率给定值为 50Hz，PID 调节一旦投入，必然作用于开大机组开度，如果启动开度偏大，势必造成过大的转速上升，必须借助于开度限制关小开度以限制机组过速。相反地，如果启动开度偏小，即使能进入 PID 调节，由于开限控制方式限制了开度增大，使 PID 调节作用不能有效发挥，导致机组开不起来。而“开环＋闭环”开机进入 PID 调节后，频率给定值从 40Hz 增加到 50Hz 有一段时间，机组频率从 40Hz 上升到 50Hz 也需要一定的时间，在开度控制方式下，PID 调节输出结果与开度控制结果叠加，允许 PID 自由调节开度大小，机组频率从给定值 40Hz 开始调节，经过一段时间可以保证机组频率在给定值 50Hz 基本达到稳定。

5.3.2.4　开机规律的确定

由上文定性分析可知，机组常见的三种开机规律均存在各自的优缺点。经过与调速器厂家充分的沟通交流后认为，尽管开环开机规律存在机组启动开度、切换频率确定存在盲目性的缺点，但是该方法对机组活动导叶的控制比较直接，并具有简单可靠的特点，其已经成功应用于国内绝大部分巨型机组（譬如锦屏二级水电站、小湾水电站等），具有丰富的工程实际经验。鉴此，某水电站的开机规律仍然选择开环开机方式。

由前文可知，开环开机规律需确定以下几个参数，即空载开度 y_0、第 1 段开机开度 y_{st1}、第 2 段开机开度 y_{st2}、切换频率值 f_{12}、PID 环节投入频率值 f_{PID} 以及导叶第 1 段开启速率 C。根据实际经验，上述参数一般满足以下条件：

$$\begin{cases} y_{st1}=ky_0 \\ y_{st2}=(0.9\sim0.95)ky_0 \\ f_{12}=0.8\sim0.9 \\ f_{PID}=0.9\sim0.95 \end{cases}$$

5.3.3　计算工况及参数确定

拟定如表 5.3.1 所示的计算工况：

表 5.3.1　　主要计算工况

计算工况	上游水位 /m	下游水位 /m	工　况	计算目的
K1	1030.00	958.32	上游正常蓄水位，下游半台机满发尾水位，2 台机停机，另外 1 台机组开机至空载	确定合适的开机规律

利用 Hysim 软件对 K1 工况进行稳态计算，确定其空载开度相对值 $y_0=0.14$。根据定性分析可知，第 1 段开机开度 y_{st1} 以及导叶第 1 段开启速率 C 对开机过程的影响很大，故下面着重对上述两组参数进行敏感性分析，其他参数，譬如切换频率相对值取为 $f_{12}=0.9$，PID 环节投入频率相对值取为 $f_{PID}=0.95$，第 2 段开机开度取为 $y_{st2}=0.93y_{st1}$。

当转速达到 95%的额定转速后，调速器控制逻辑由开机状态变为空载状态，此时调速器空载运行参数取为 $b_t=0.8$、$T_d=15$、$T_n=1.5$，$b_p=0$。此外，整个开机过程中，导叶的空载开限为 1.5 倍空载开度。

5.3.4　机组开机规律敏感性分析

5.3.4.1　导叶第 1 段开启速率 C 敏感性分析

导叶第 1 段开启速率 C 敏感性分析初步选择四组开启速率进行计算。具体计算结果见表 5.3.2。四组开启速率 C 下机组转速、开度及水头响应曲线分别见图 5.3.3～图 5.3.5。

结合表 5.3.2 及图 5.3.3 可知，开机过程中的导叶第 1 段开启速率 C 对机组转速的影响较大。随着导叶第 1 段开启速率 C 的增大，机组转速的调节时间及超调量逐渐降低，并且调节时间及超调量的下降幅度也逐渐减小，由此表明过大的导叶第 1 段开启速率 C 对机组转速的响应时间及调节品质贡献较小。此外，由图 5.3.4 可知，不同的导叶第1段开启速率 C 所对应水轮机水头变化幅值基本一致。

表5.3.2　　导叶第1段开启速率 C 敏感性分析计算结果

序号	第1段启动开度与空载开度的比值 K	导叶第1段开启速率 C（额定开度/s）	调节时间/s	超调量/%
1	1.3	0.2%	111.2	0.737
2	1.3	0.3%	95.2	0.731
3	1.3	0.4%	87.0	0.729
4	1.3	0.5%	83.3	0.728

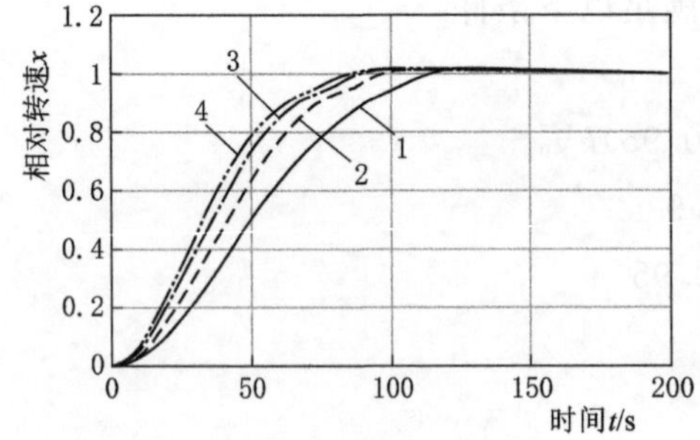

图5.3.3　不同开启速率 C 下机组转速响应对比曲线

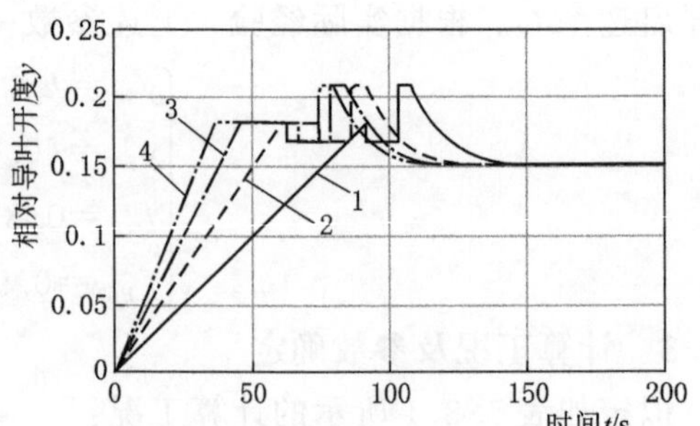

图5.3.4　不同开启速率 C 下导叶开度响应对比曲线

5.3.4.2　第1段开机开度 y_{st1} 敏感性分析

第1段开机开度 y_{st1} 初步选择四组开机开度 y_{st1} 进行计算。具体计算结果见表5.3.3。四组开机开度 y_{st1} 下机组转速、开度及水头响应曲线分别如图5.3.6～图5.3.8所示。

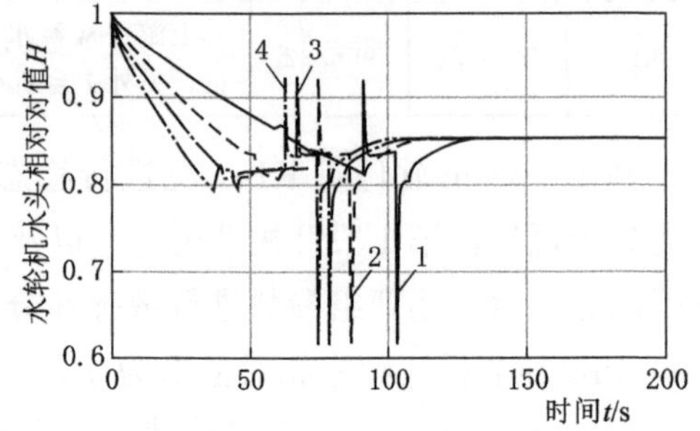

图5.3.5　不同开启速率 C 下水轮机水头响应对比曲线

结合表及图可知，开机过程中的第1段开机开度 y_{st1} 同样对机组转速的影响较大。随着第1段开机开度 y_{st1} 的逐渐增大，尽管机组转速超调量逐渐增大，但机组转速的调节时间却逐渐降低。此外，由图5.3.6可知，随着第1段开机开度 y_{st1} 的逐渐增大，水轮机水头变化幅值逐渐降低。由此表明，较大的第1段开机开度 y_{st1} 在保证压力管道压力变化幅度较小的情况下，有利于提高机组并网速度。

表5.3.3　　第1段开机开度 y_{st1} 敏感性分析计算结果

序号	第1段启动开度与空载开度的比值 K	导叶第1段开启速率 C（额定开度/s）	调节时间/s	超调量/%
1	1.1	0.4%	104.37	0.367
2	1.2	0.4%	90.68	0.529
3	1.3	0.4%	87.00	0.729
4	1.4	0.4%	78.61	0.944

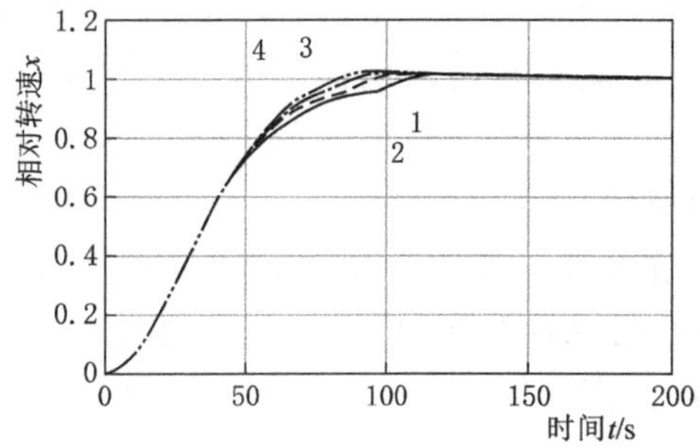

图 5.3.6　不同第 1 段开机开度 y_{st1} 下机组转速响应对比曲线

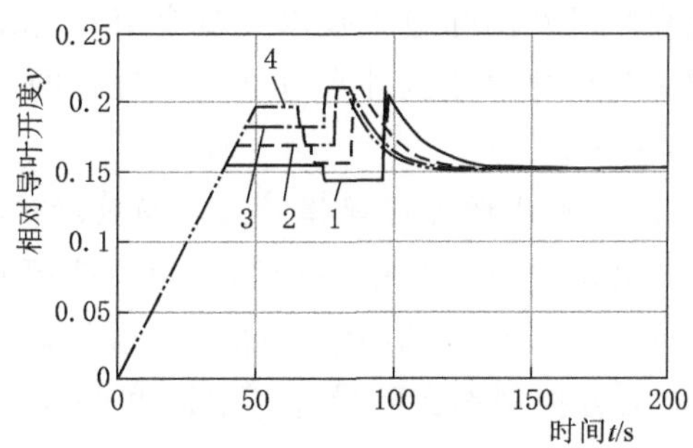

图 5.3.7　不同第 1 段开机开度 y_{st1} 下导叶开度响应对比曲线

结合三种机组开机规律进行定性比较、调速器厂家沟通及类似工程经验，某国外水电站的开机规律选择开环开机方式。通过对导叶第 1 段开启速率 C、第 1 段开机开度 y_{st1} 进行敏感性分析可知，随着导叶第 1 段开启速率 C 的增大，机组转速的调节时间及超调量逐渐降低，并且过高的导叶第 1 段开启速率 C 对机组转速的响应时间及调节品质贡献较小；较大的第 1 段开机开度 y_{st1} 在保证压力管道压力变化幅度较小的情况下，有利于提高机组并网速度。

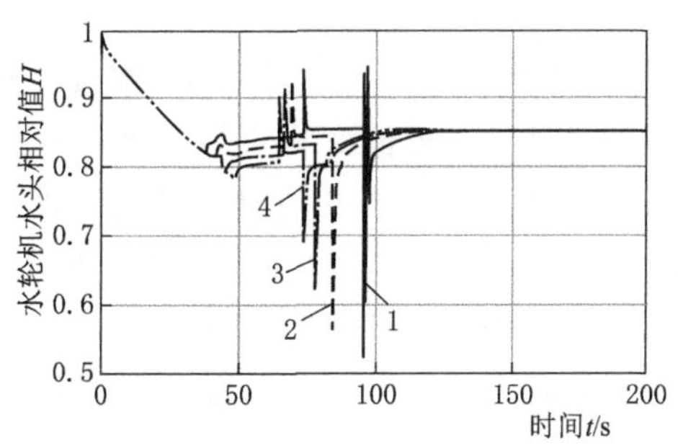

图 5.3.8　不同第 1 段开机开度 y_{st1} 下水轮机水头响应对比曲线

5.4　机组增减负荷扰动特性研究

水电机组在电网中运行时，所发生的负荷变化大致可以分为两类。第一类：从空载增加负荷至指定值；第二类：当电力系统有功功率不平衡而使得电网频率偏离额定值时，来调节机组出力以达到新的平衡。通过水轮机调节系统自身负荷/频率静态和动态特性对电网进行控制，通常称之为一次调频；由于一次调频后系统频率存在偏差，电站 AGC（自动发电控制）系统需进行二次调频，即以电网或流域集控下达的有功计划为控制目标，综合考虑电网、电站和机组的各项约束条件，安全、快速、经济地增减机组负荷，以满足电网频率和有功的调节需求。

分析机组增减负荷扰动特性的目的在于寻找最佳的调节规律，在该种规律下机组功率的变化应满足包括水锤在内的各种动力作用不超过限定值的条件下，以最大的速度运行。

本节研究的主要内容如下：①探讨不同的导叶开启时间对该国外水电站过渡过程的影响，以寻求恰当的直线开启规律，以满足发电机和电网对调节系统的要求；②选择合适的调速器参数（AGC 模式下），实现快速、平稳增减负荷。

5.4.1　直线增负荷规律

机组从空载增至全负荷的导叶开启时间，国内规范《水轮机电液调节系统及装置技术规程》以及国际电工技术委员会IEC标准均规定开启时间一般为20～80s。为探究直线增负荷规律对该国外水电站过渡过程的影响，拟定增负荷时间范围为10～80s，并以10s为间隔。

5.4.1.1 直线增负荷规律对大波动过渡过程的影响

大波动过渡过程中各控制参数（蜗壳进口最大最小压力、尾水管进口最大最小压力、调压井最高最低涌浪）随直线增负荷时间的敏感性分析见表5.4.1。图5.4.1～图5.4.3为各控制参数随导叶开启时间的变化曲线。图5.4.4～图5.4.6为各导叶开启时间下各控制参数的动态响应曲线（作为示例，图中仅选取了20s、40s、60s、80s四种增负荷时间）。

结合表5.4.1及图5.4.1～图5.4.6可知，蜗壳进口最大压力发生在导叶开启初始时刻，其大小等于恒定流，而蜗壳进口最小压力随着增负荷时间的延长而增大，且极值发生时间均在导叶开启时间 T_s 附近，且存在某一临界增负荷时间 t_{jj}（见图5.4.1），当 $T_s \leqslant t_{jj}$ 时压力极值变化较为显著，$T_s > t_{jj}$ 时压力变化较为平缓，结果表明：该临界导叶开启时间为20s。尽管在增负荷工况下，尾水管进口压力不是过渡过程的控制值，但是由图5.4.2可知，其尾水管进口最大压力随 T_s 的变化趋势仍以20s为临界值，$T_s >$ 20s时尾水管进口最大压力变化较为平缓。此外，由图5.4.3可知，不同导叶开启时间 T_s 下的调压井最高、低涌浪值基本相同。

表5.4.1 大波动过渡过程参数与导叶开启时间计算成果表

导叶开启时间/s	蜗壳进口最大压力/m	蜗壳进口最小压力/m	尾水管进口最大压力/m	尾水管进口最小压力/m	最高涌浪/m	最低涌浪/m
10	90.9 (0)	78.08 (10)	29.29 (18.8)	18.47 (21.2)	965.27 (214)	955.22 (646)
20	90.9 (0)	82.96 (20)	25.45 (9.8)	18.67 (29.6)	965.27 (222)	955.22 (654)
30	90.9 (0)	84.63 (30)	24.24 (14)	18.85 (37.8)	965.27 (224)	955.22 (658)
40	90.93 (0)	85.5 (40)	23.64 (18)	19.03 (47.8)	965.27 (230)	955.22 (664)
50	90.97 (0)	86.03 (50)	23.29 (14.8)	19.23 (56.8)	965.26 (234)	955.22 (672)
60	90.99 (0)	86.38 (60)	23.07 (15.4)	19.43 (66)	965.26 (244)	955.23 (674)
70	91.01 (0)	86.64 (70)	22.91 (18.6)	19.63 (76)	965.24 (246)	955.23 (684)
80	91.01 (0)	86.84 (80)	22.79 (19.8)	19.83 (85)	965.23 (252)	955.24 (686)

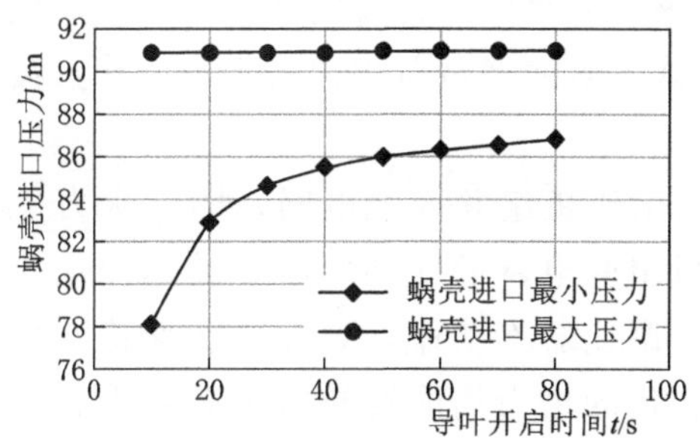

图 5.4.1　蜗壳进口压力与导叶开启时间的关系曲线

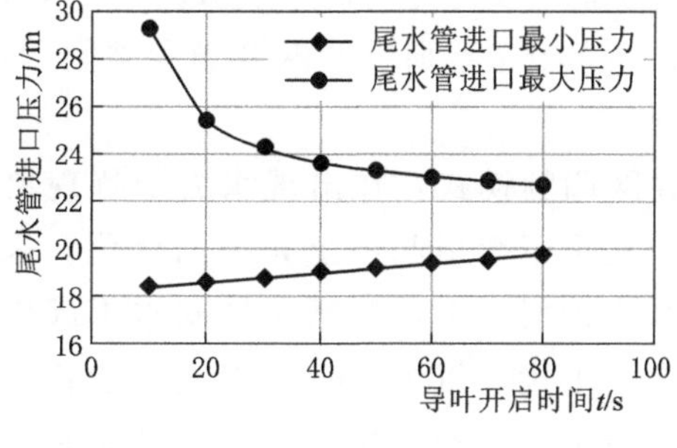

图 5.4.2　尾水管进口压力与导叶开启时间的关系曲线

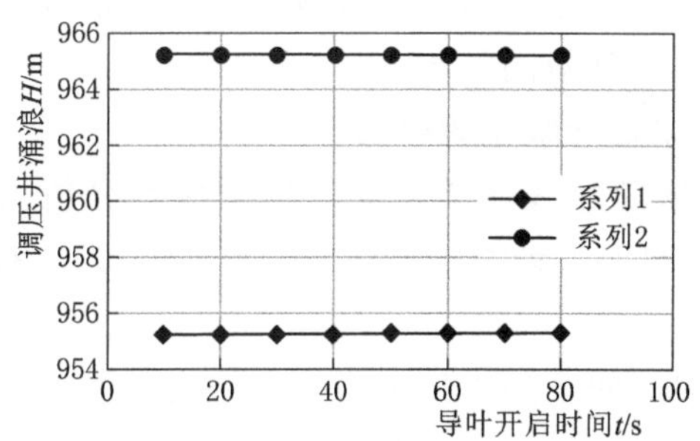

图 5.4.3　调压井涌浪与导叶开启时间的关系曲线

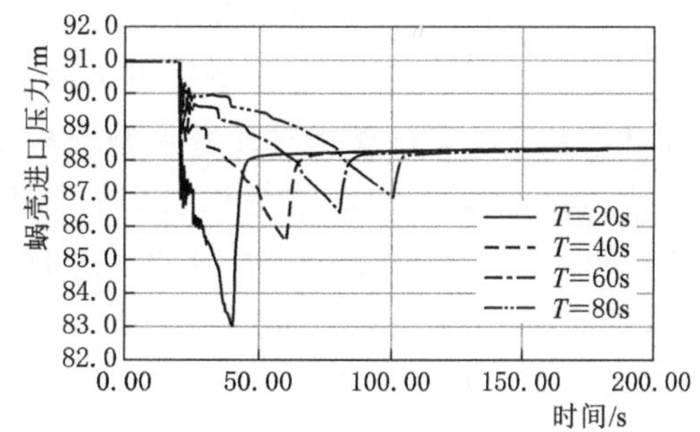

图 5.4.4　不同导叶开启时间下蜗壳进口压力动态响应对比曲线

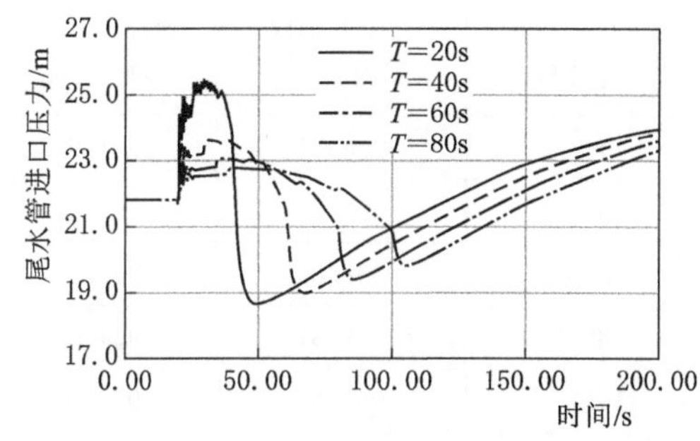

图 5.4.5　不同导叶开启时间下尾水管进口压力动态响应对比曲线

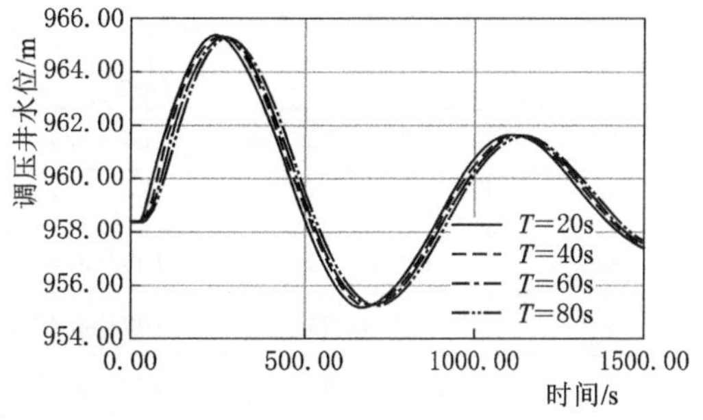

图 5.4.6　不同导叶开启时间下调压井水位动态响应对比曲线

5.4.1.2　直线增负荷规律对水力干扰过渡过程的影响

由于某水电站尾水系统按一洞三机布置，若其中两台机组并入大电网正常运行，另一台机组处于增负荷的大波动过渡过程，则该动作机组在电站的上、下游引、尾水系统中引起的压力变化必然会影响与其共用水力单元的正常运行机组，使正常运行机组也处于过渡过程中，形成水力干扰。动作机组增负荷时间的长短必然对正常运行机组的出力、调节品质等产生影响。

由于机组实际运行时，均并入电网，根据该国外水电站自身的特点及今后可能的运行方式，本节主要研究并网调频和并网调功模式下直线增负荷规律对水力干扰过渡过程的影响。

并网调频模式：在出现水力干扰现象时，由于机组并入大电网，同一水力单元先甩机组几乎不会引起系统频率的变化，未甩机组受电网的拖动影响，转速变化几乎没有，在这种情况下，测频元件基本不起作用，调速器不动作，导叶开度保持不变，即由于水力干扰，机组本身出力发生变化，但变化的出力均能够被电网有效吸收，电网阻力矩与水轮机动力矩一直处于动态平衡，水轮机的转速在水力干扰过程中几乎不发生变化。

并网调功模式：受电网、水电站 AGC（自动发电控制）系统控制时，调速器跟踪机组功率进行调节，即调速系统在功率给定的指令信号作用下，接收机组功率信号，通过自动的开启（关闭）导叶调整机组出力，使之达到新的平衡。

5.4.1.3 直线增负荷规律对并网调频模式下正常运行机组的影响

并网调频模式下正常运行机组中各控制参数随直线增负荷时间的敏感性分析见表 5.4.2。图 5.4.7 为各导叶开启时间下受扰机组的出力动态响应曲线（作为示例，图中仅选取了 20s、40s、60s、80s 四种增负荷时间）。

由表 5.4.2 及图 5.4.7 可知，不同导叶开启时间下的机组出力摆动幅度、调压井涌浪值基本一致。由此表明，在并网调频模式下，不同导叶开启时间对相邻机组的水力干扰特性基本相同。

表 5.4.2　　水力干扰计算成果表（并网调频模式）

导叶开启时间/s	最大（小）出力/MW	最大（小）出力/(额定出力)/%	最大出力摆动幅度/MW	调压井涌浪最高值/m	调压井涌浪最低值/m
10	102/85.15	100/83.48	16.85	968.31	961.0
20	102/85.14	100/83.47	16.86	968.31	961.0
30	102/85.14	100/83.47	16.86	968.31	961.0
40	102/85.14	100/83.47	16.86	968.31	961.0
50	102/85.15	100/83.48	16.85	968.31	961.0
60	102/85.16	100/83.49	16.84	968.30	961.0
70	102/85.18	100/83.51	16.82	968.29	961.0
80	102/85.20	100/83.52	16.80	968.28	961.0

5.4.1.4 直线增负荷规律对并网调功模式下正常运行机组的影响

并网调功模式下正常运行机组中各控制参数随直线增负荷时间的敏感性分析见表 5.4.3。图 5.4.8 为各控制参数随导叶开启时间的变化曲线（作为示例，图中仅选取了 20s、40s、60s、80s 四种增负荷时间）。

由表 5.4.3 及图 5.4.8 可知，并网调功模式下，一台机组增负荷，对同一水力单元的另外两台机组运行存在一定的影响，随着导叶开启时间的增加，受干扰机组的最大出力摆动幅度及机组最小出力逐渐减小，而机组最大出力、调压井涌浪值基本不变。

表 5.4.3　　水力干扰计算成果表（并网调功模式）

导叶开启时间/s	最大（小）出力/MW	最大（小）出力/额定出力/%	最大出力摆动幅度/MW	调压井涌浪最高值/m	调压井涌浪最低值/m
10	103.6/98.83	101.57/96.89	4.77	971.32	961.01
20	103.6/98.88	101.57/96.94	4.72	971.33	961.01
30	103.6/98.99	101.57/97.04	4.61	971.33	961.01
40	103.6/99.17	101.57/97.23	4.43	971.32	961.01
50	103.6/99.37	101.57/97.42	4.23	971.32	961.01
60	103.6/99.49	101.57/97.54	4.11	971.31	961.01
70	103.6/99.54	101.57/97.59	4.06	971.30	961.01
80	103.6/99.57	101.57/97.62	4.03	971.29	961.01

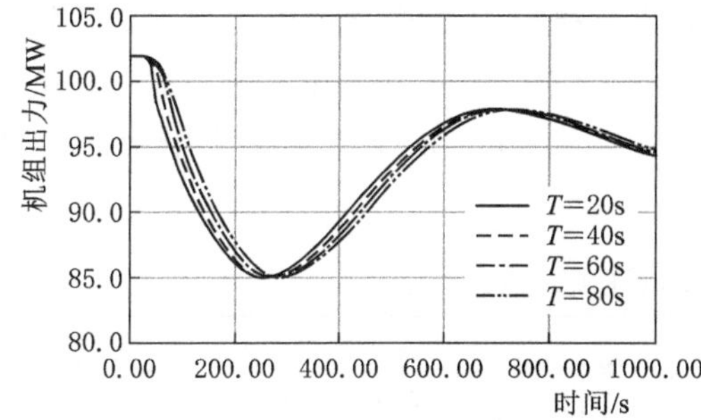

图 5.4.7　不同导叶开启时间下机组出力动态响应对比曲线（并网调频模式）

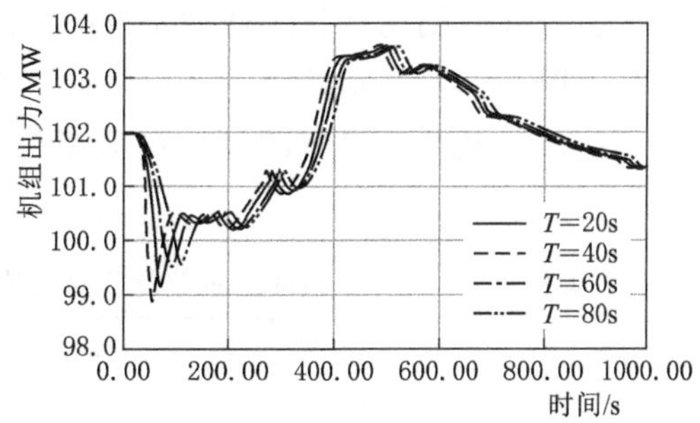

图 5.4.8　不同导叶开启时间下机组出力动态响应对比曲线（并网调功模式）

5.4.2　机组负荷调整规律研究（AGC 模式下）

自动发电控制（AGC）是调度自动化系统中的一项基本功能，在保证电网频率质量和联络线交换功率恒定等方面发挥至关重要的作用。针对实际运行中 AGC 机组运行性能的差异，一般都需要制定相应的考核办法，用来评估控制期内 AGC 机组对电网的贡献大小，以期优化控制策略和更为安全稳定地控制电网。在考核 AGC 机组的各项指标中，调节速度和调节精度是两项最为重要的指标。调节速率是指机组响应负荷的速率，调节精度是指机组处理进入命令控制死区后，实际和目标处理之间的差异。

5.4.2.1　计算依据及控制指标

根据国内规范《水轮机电液调节系统及装置技术规程》（DL/T 563—2016）及《水轮机调节系统并网运行技术导则》（DL/T 1245—2024）要求，水轮机调速器应与机组监控系统协调配合，具有稳定的负荷调节能力。当机组在带负荷工况下稳定运行，水轮机调速器处于功率控制模式。当有功功率的阶跃扰动量不小于额定有功功率的 25%时，机组负荷扰动响应特性技术指标如下：

（1）有功功率最大超调量 ΔP_{max} 不得超过机组额定有功功率 P_r 的 5%。

（2）在调节过程中每分钟的平均有功功率调节量，即 $|P_{set}-P_0|\times 60/T_p$ 应不小于额定有功功率 P_r 的 50%。

（3）在调节过程稳定后，功率稳定性指数宜在 -1%～1% 范围内。

5.4.2.2 计算工况

主要计算工况见表 5.4.4。

表 5.4.4 主要计算工况

计算工况	上游水位/m	下游水位/m	初始工况	叠加工况	计算目的
K1	1030.00	958.32	上游正常蓄水位，下游半台机满发尾水位，2台机停机，另外1台机组带60%额定负荷	带60%额定负荷的机组增25%额定负荷	分析单机增负荷的较优速率

5.4.2.3 调速器并网调功运行参数优选

调速器并网调功运行参数初步选择 5 组参数进行优化，优化过程中采用 K1 工况作为计算工况，调速器参数整定选用的计算程序为华东院编制的 Hysim 程序。K1 工况下各组调速器参数及其对应的调节品质指标见表 5.4.5。K1 工况下机组出力响应对比曲线详见图 5.4.9。

表 5.4.5 调速器参数及其对应的调节品质指标（K1 工况）

组号	b_t	T_d/s	T_n/s	b_p	调节时间 T_p/s	最大超调量百分数 $\Delta P_{max}/P_r$/%	调节速率/(MW/min)	每分钟额定容量百分数/%	功率稳定性指数/%
1	0.9	1.9	0	0.04	60.0	2.58	25.5	25.0	0.202
2	1.0	2.1	0	0.04	62.4	1.56	24.5	24.0	0.242
3	1.1	2.3	0	0.04	50.4	0.79	30.4	29.8	0.334
4	1.2	2.5	0	0.04	52	0.22	29.4	28.8	0.223
5	1.3	2.7	0	0.04	64.2	0.13	23.8	23.3	0.067

结合表 5.4.5 及图 5.4.9 可知，当机组带 60%额定负荷并大网运行时，对其增加 25%额定负荷后，采用 5 组参数的水轮机调速器均能快速响应功率扰动，机组出力均能快速、精确稳定在稳定值。调节品质指标中，除了每分钟额定容量百分数低于 50%之外（机组特性所致），其余均能满足控制指标要求。从调节时间、调节速率及功率稳定性指数来看，采用第 3 组调速器参数所对应的调节品质指标较优。鉴此，调速器并网调功运行参数推荐采用第 3 组参数，即 $b_t=1.1$、$T_d=2.3$、$T_n=0$、$b_p=0.04$。

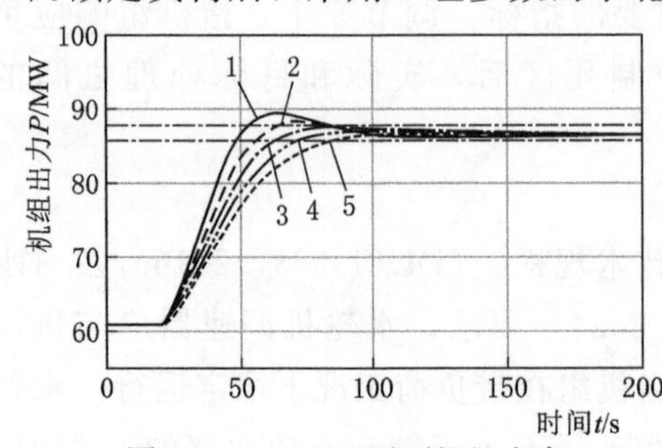

图 5.4.9 K1 工况下机组出力响应对比曲线

该水电站采用直线增负荷规律时，蜗壳进口最小压力及尾水管进口最大压力的变化趋势均存在某一临界增负荷时间 t_{jj}，当 $T_s \leqslant t_{jj}$ 时压力极值变化较为显著，$T_s > t_{jj}$ 时压力变化较为平缓，结果表明：该临界导叶开启时间为 20s。此外，不同导叶开启时间 T_s 下的调压井最高、低涌浪值基本相同。

在并网调频模式下，不同导叶开启时间对相邻机组的水力干扰特性基本相同。并网调功模式下，一台机组增负荷，对同一水力单元的另外两台机组运行存在一定的影响，随着导叶开启时间的增加，受干扰机组的最大出力摆动幅度及机组最小出力逐渐减小，而机组最大出力、调压井涌浪值基本不变。

调速器并网调功运行参数推荐采用的参数为 $b_t = 1.1$、$T_d = 2.3$、$T_n = 0$、$b_p = 0.04$。

5.5 机组一次调频特性研究

一次调频是调速器根据频率偏差大小自动对机组出力进行调整，使机组出力与系统负荷保持平衡。与电网二次调频相比，一次调频能快速响应电网负荷和频率的变化，保持电网频率在一定范围之内。一次调频可以在电网突发大负荷变化时快速提供功率支援，提高电力系统的可靠性；对于短时间负荷波动的调节，可以减少二次调频的动作，优化系统的调度。

为保证电网及发电机组安全运行，充分发挥发电机组一次调频能力，使并网运行机组随时适应电网负荷和频率的变化，提高电能质量及电网频率的控制水平。根据乌干达电网及该水电站调速器技术协议的相关要求，需要测试并确定一次调频运行参数以满足电网一次调频的要求。由于该水电站水头低，流量较大，尾水隧洞长，其引水发电系统水力学条件较为复杂，鉴此有必要对机组的一次调频特性进行研究。

本节主要研究内容为：根据水电机组一次调频的基本原理，对该水电站一次调频特性进行分析，并在可能出现的各种水位组合工况下，对频差开度模式以及频差功率模式下的机组一次调频特性进行计算分析，验证机组一次调频技术指标是否符合要求，并针对上述两种运行模式，分别推荐一组合适的一次调频运行参数。

5.5.1 机组一次调频特性研究

5.5.1.1 水电机组一次调频原理

图 5.5.1 是目前广泛应用的一种典型微机调速器结构及其组成的水轮发电机组控制系统框图。机组在并网前空载运行时，调速器按照无差调频控制模式工作，人工频率死区 $E_f = 0$，给定值为电网频率 f_n，机组频率 f_g 跟踪电网频率有利于快速并网；并网后自动设定在开度控制或功率控制模式工作，频率给定值 $f_c = 50\text{Hz}$，E_f 大小由电网调度根据机组实际情况确定。当频率偏差 $f = f_c - f_g$ 超过频率死区后，机组功率会自动增减，从而完成一次调频任务。

5.5.1.2 机组一次调频静态特性

当机组处于频差开度模式时，机组开度增量 Δy 与电网频率偏差 Δf 之间的静态关系如下：

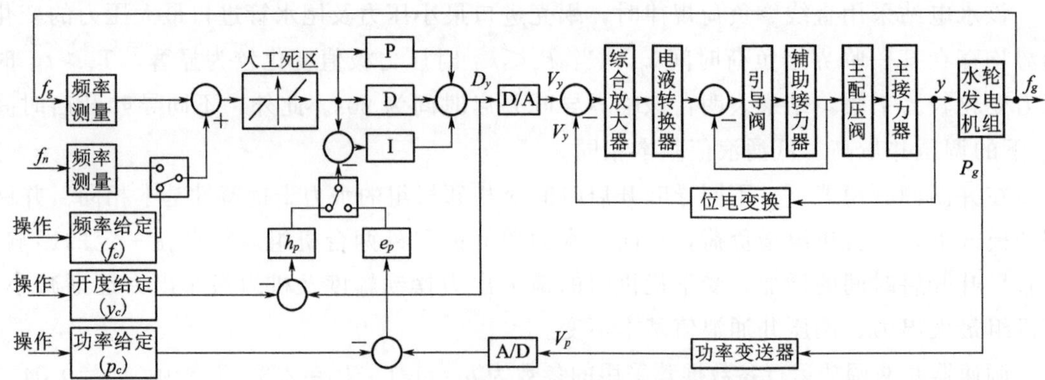

图 5.5.1　水轮发电机组控制系统框图

$$\begin{cases}\Delta y=\dfrac{-Y_r[(f_c-f_n)-E_f]}{50b_p}, & (f_c-f_n)>E_f\\ \Delta y=0, & -E_f\leqslant(f_c-f_n)\leqslant E_f\\ \Delta y=\dfrac{-Y_r[(f_c-f_n)+E_f]}{50b_p}, & (f_c-f_n)<-E_f\end{cases}$$

式中：f_c 为设定频率；f_n 为网频；E_f 为频率死区；b_p 为调速器永态转差系数；Y_r 为接力器额定行程。

当机组处于频差功率模式时，机组功率增量 Δp 与电网频率偏差 Δf 之间的静态关系如下：

$$\begin{cases}\Delta p=\dfrac{-P_r[(f_c-f_n)-E_f]}{50e_p}, & (f_c-f_n)>E_f\\ \Delta p=0, & -E_f\leqslant(f_c-f_n)\leqslant E_f\\ \Delta p=\dfrac{-P_r[(f_c-f_n)+E_f]}{50e_p}, & (f_c-f_n)<-E_f\end{cases}$$

式中：f_c 为设定频率；f_n 为网频；E_f 为频率死区；e_p 为功率永态转差系数（速度变动率）；P_r 为额定功率。

5.5.2　计算依据及控制指标

根据国内相关规范（如《华中电网发电机组一次调频技术管理规定（试行）》《华中区域发电厂并网运行管理实施细则（试行）》以及《水轮机电液调节系统及装置技术规程》（DL/T 563—2016）等）及该国外水电站调速器技术协议规定的水电机组一次调频技术指标，具体要求如下：

（1）水电机组一次调频的人工死区控制在±0.05Hz 内。

（2）水电机组调速器的转速死区小于 0.04%；水电机组的永态转差率不大于 4%。

（3）水电机组一次调频的负荷变化限制幅度为额定负荷的±10%。

（4）额定水头在 50m 及以上的水电机组，其一次调频的负荷响应滞后时间应小于 4s；额定水头在 50m 以下的水电机组，其一次调频的负荷响应滞后时间应小于 8s。

(5) 所有机组一次调频的负荷调整幅度应在 15s 内达到理论计算的一次调频的最大负荷调整幅度的 90%。

(6) 在电网频率变化超过机组一次调频死区时，机组应在 45s 内机组实际功率与目标功率的功率偏差的平均值应在其额定功率的±3%以内。

5.5.3 调速器参数对机组一次调频静态特性的影响

水轮机调速器参数主要包括形成 PID 控制规律的暂态转差系数 b_t、缓冲时间常数 T_d、微分时间常数 T_n、人工死区 E_f 以及永态转差系数 b_p 等，各参数的合理整定与优化设置对于该国外电站水电机组的一次调频功能的有效发挥至关重要。为探究水轮机调速器参数对该国外电站水电机组一次调频特性的影响规律，下文通过利用 Hysim5.1 软件对频差开度模式下的某水电站 1 号机组进行了仿真对比分析，由于频差功率模式与频差开度模式规律基本一致，故下文不再赘述。

5.5.3.1 暂态转差系数 b_t 对机组一次调频特性的影响

在保持其他水轮机调速器参数不变的前提下，b_t 值分别设置为 0.05、0.1、0.15 以及 0.2 时的水轮机导叶开度响应曲线如图 5.5.2 所示。从图中可以看出，随着 b_t 值的逐渐增大，水轮机导叶开度的响度速度逐渐变慢，其开度调整稳定时间逐渐增大。由此可以看出，为保证机组一次调频评价指标符合电网要求，其 b_t 值需限制在一定范围之内。

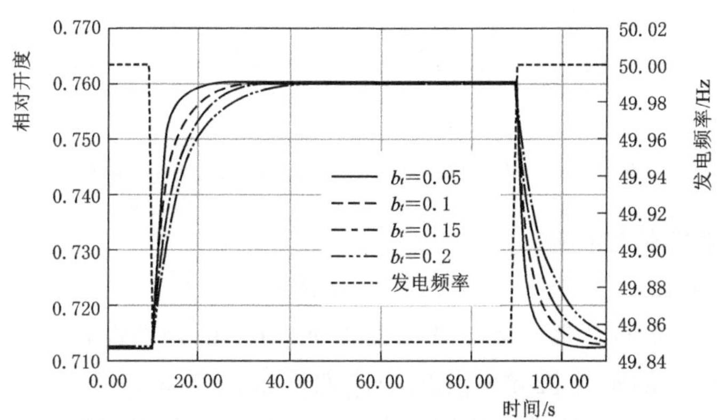

图 5.5.2 不同 b_t 值所对应的导叶开度响应曲线

5.5.3.2 缓冲时间常数 T_d 对机组一次调频特性的影响

在保持其他水轮机调速器参数不变的前提下，T_d 值分别设置为 0.5s、1.0s、1.5s 以及 2.0s 时的水轮机导叶开度响应曲线如图 5.5.3 所示。从图中可以看出，随着 T_d 值的逐渐增大，水轮机导叶开度的响度速度逐渐变慢，其开度调整稳定时间逐渐增大，由此可以看出，为保证机组一次调频评价指标符合电网要求，其 T_d 值需限制在一定范围之内。

5.5.3.3 微分时间常数 T_n 对机组一次调频特性的影响

在保持其他水轮机调速器参数不变的前提下，T_n 值分别设置为 0、0.5s、1.0s 及 1.5s 时的水轮机导叶开度响应曲线如图 5.4.4 所示。从图中可以看出，随着 T_n 值的逐渐增大，水轮机导叶开度响应时间及导叶调整稳定时间基本不变，由此说明，T_n 值对

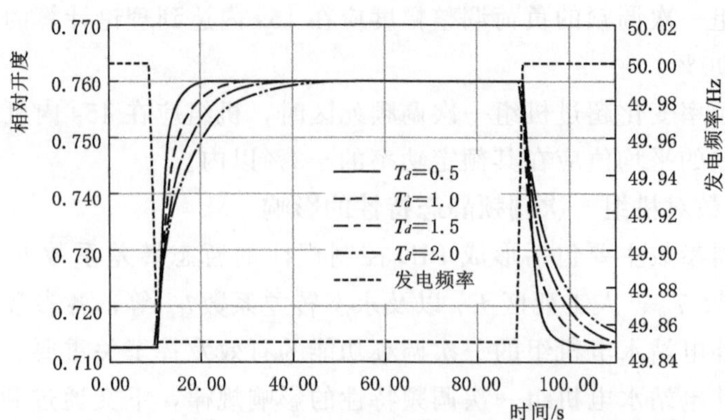

图 5.5.3　不同 T_d 值所对应的导叶开度响应曲线

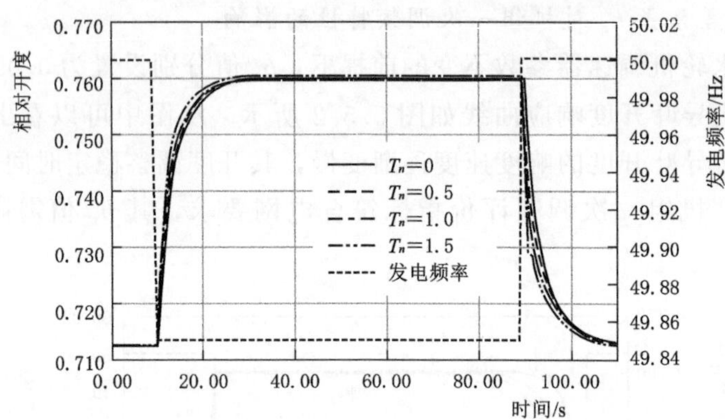

图 5.5.4　不同 T_n 值所对应的导叶开度响应曲线

机组一次调频特性基本无影响。

5.5.3.4　人工死区 E_f 对机组一次调频特性的影响

在保持其他水轮机调速器参数不变的前提下，E_f 值分别设置为 0.01Hz、0.03Hz、0.05Hz 及 0.07Hz 时的水轮机导叶开度响应曲线如图 5.5.5 所示。从图中可以看出，随着 E_f 值的逐渐增大，水轮机导叶的响应速度及导叶调整稳定时间基本不变，但导叶开度的调整幅度逐渐减小，即机组一次调频的调节深度逐渐减弱。由此说明，E_f 值设置过高，将会使机组基本丧失一次调频能力，故调速器人工死区的设置应按电网要求严格控制在±0.05Hz 以内。

5.5.3.5　永态转差系数 b_p 对机组一次调频特性的影响

在保持其他水轮机调速器参数不变的前提下，b_p 值分别设置为 0.01、0.03、0.05 及 0.07 时的水轮机导叶开度响应曲线如图 5.5.6 所示。从图中可以看出，随着 b_p 值的逐渐增大，水轮机导叶的响应速度逐渐加快，导叶调整稳定时间逐渐减小，并且导叶开度的调整幅度逐渐减小。由此说明，b_p 值设置过高，同样也将会使机组基本丧失一次调频能力。因此，为保证机组一次调频评价指标符合电网要求，其 b_p 值应严格限制在 0.4%以内。

对比频差开度模式及频差功率模式的调节特性可知，频差开度模式的一次调频是以

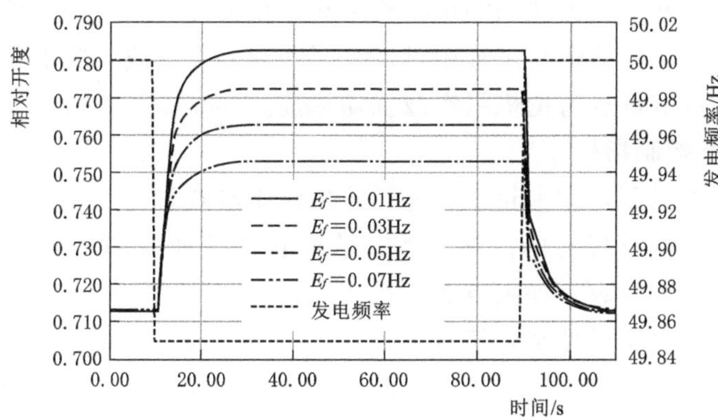

图 5.5.5　不同 E_f 值所对应的导叶开度响应曲线

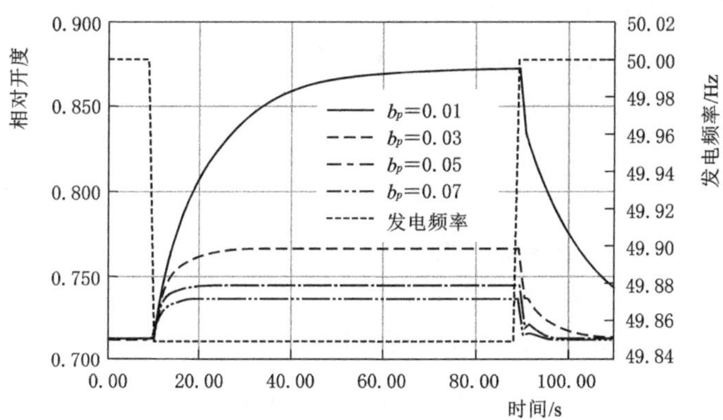

图 5.5.6　不同 b_p 值所对应的导叶开度响应曲线

开度为闭环反馈值，开度很快达到理论静态值；功率调节下的一次调频是以功率为闭环反馈值，功率很快达到理论静态值附近，并渐趋稳定。相比之下，功率调节更便于功率的直接控制，更利于功率调整量的直接观测。

此外分析表明，频差开度模式下的机组一次调频运行参数可采用 $b_t=0.1$，$T_d=1$，$T_n=0$，$E_f=0.05$Hz，$b_p=0.04$；频差功率模式下的机组一次调频运行参数可采用 $b_t=0.45$，$T_d=1.5$，$T_n=0$，$E_f=0.05$Hz，$b_p=0.04$。

5.6　机组空载频率扰动特性研究

水轮发电机组在并网前均处于空载工况。此时，水轮机传递系数较小，引水系统水流惯性作用小，但有效负荷为零，机械惯性时间和自调整系数完全决定于机组本身。空载工况经常遇到的问题是空载工况下水轮机内部流态较差，容易形成大幅度压力脉动及输出力矩不稳定现象，进而导致水轮机调速不停地摆动。由此可见，水电机组空载特性的优劣将直接关系到机组能否快速稳定地并网。

根据该国外水电站调速器技术协议可知，现场将进行空载波动试验及空载扰动特性试验，以此用来确定调速器空载工况下较好的 PID 控制参数，以保证被控制的水轮发电机组快速地同期并网。根据现场测试经验可知，在进行空载波动试验时，机组频率波动是无规律的，进而在数值仿真过程中难以复现手动方式空载工况下机组频率波动数值及波形。鉴此，本章节重点讨论机组空载扰动特性。

5.6.1 计算依据及控制指标

自动方式空载工况下，对水轮机调速器施加频率阶跃扰动（不小于4%额定频率），记录机组频率、接力器行程等的过渡过程，选取转速摆动值和超调量较小、波动次数少、稳定快的一组调节参数，提供空载运行使用。

根据国内规范《水轮机控制系统技术条件》《水轮机电液调节系统及装置技术规程》及该水电站调速器技术协议规定的机组空载扰动特性技术指标，具体要求如下：

（1）机组在额定转速空载工况自动运行时，由调速器控制的机组转速波动值不超过额定转速的±0.15%，试验时，连续测量时间为3min。

（2）频率变化衰减度 Ψ 应不大于25%。

（3）频率最大超调量 Δf_{max} 不得超过扰动量 Δf_0 的35%。

（4）由扰动开始，到调节稳定为止的调节时间 T_p 不得超过25s。

（5）在调节时间 T_p 内，频差超过±0.35Hz的波动次数 Z 不得超过2次。

5.6.2 计算工况

根据小波动计算理论，不考虑电网负荷特性的小波动稳定性分析是偏于保守和安全的。同时，水轮机工作水头越低，小波动稳定性越差；T_w/T_a 越大，小波动稳定性越差。基于以上分析，拟定如表5.6.1所示的计算工况。

表5.6.1 空载频率扰动计算工况

计算工况	上游水位/m	下游水位/m	初始工况	叠加工况	计算目的
K1	1030.00	961.20	上游正常蓄水位，下游6台机满发尾水位，2台机均带80%额定出力，另外1台机组处于空载状态	空载状态下的机组进行+0.20Hz的电网频率扰动	判断机组稳定性

5.6.3 调速器空载运行参数优选

5.6.3.1 空载工况 b_t、T_d、T_n 的推荐初始参数

空载工况下，水轮机调速器处于频率调节模式。根据理论分析、仿真研究和工程实践，调速器空载运行参数 b_t、T_d、T_n 的推荐初始参数范围如下：

$$\begin{cases} T_n=(0.3\sim0.5)T_w \\ 1.5\dfrac{T_w}{T_a}\leqslant b_t\leqslant 3\dfrac{T_w}{T_a} \\ 3T_w\leqslant T_d\leqslant 5T_w \end{cases}$$

上述方法在一定程度上考虑了机组的特性，又不需要在现场进行复杂计算，有一定的简便性。以上式暂态差值系数 b_t 的中值（$b_t=2.25T_w/T_a$）所作的曲线族如图5.6.1所示。

根据该国外水电站机组参数，可知机组惯性时间常数 $T_a=10.89$s，水流时间常数 $T_w=3.82$s，进而可知暂态差值系数 b_t 的初始推荐值为 $b_t=0.8$。根据上式可得缓冲时间常数 T_d 及加速度时间常数 T_n 的初始推荐值分别为 $T_d=15$，$T_n=1.5$。

由于上述给出的仅是初始参数，所以还需要在机组空载运行工况下进行试验并修正上述参数。在水电站采用正交法对水轮机调速器进行 PID 参数选择的试验结果表明，对于机组空载工况下的频率给定阶跃扰动过程，T_d 和 T_n 对其超调量起着决定的作用，即当过程超调量大时，应选用较大的 T_d 和 T_n 值，对于过程的稳定时间而言，b_t 取值的增大有加长稳定时间的趋势，这时可选取较大的 T_d 和 T_n 值。过程超调量明显减少会使调节稳定时间有一定程度的缩短。当然，只有在了解 b_t、T_d、T_n 参数值对机组动态特性指标影响的基础上，重视它们的合理搭配，才能得到较好的快速而近似单调的动态特性。

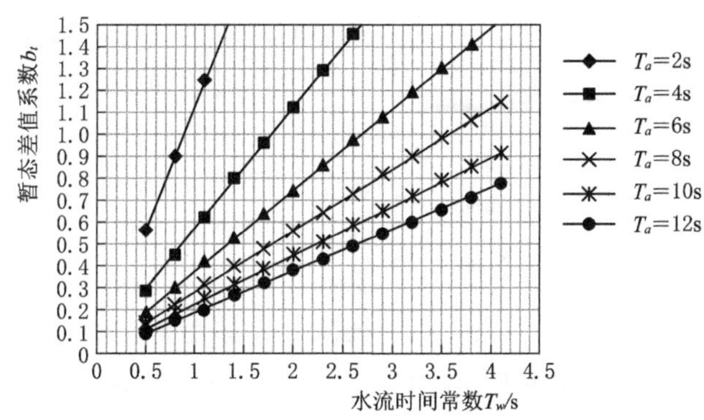

图 5.6.1　$b_t=2.25T_w/T_a$ 关系图

鉴于此，本节以 $b_t=0.8$、$T_d=15$、$T_n=1.5$ 为基础，初步选择 5 组参数进行优化，优化过程中采用 K1 工况作为计算工况，调速器参数整定选用的计算程序为华东院编制的 Hysim 程序。

5.6.3.2　主要计算结果

K1 工况下各组调速器参数及其对应的调节品质指标见表 5.6.2。K1 工况下机组频率响应对比曲线、蜗壳进口压力及导叶开度响应对比曲线分别如图 5.6.2～图 5.6.4 所示。

表 5.6.2　调速器参数及其对应的调节品质指标（K1 工况）

组号	b_t	T_d /s	T_n /s	b_p	最大转速偏差相对值/%	衰减度 Ψ/%	调节时间 T_p/s	超调量 /%	振荡次数 Z
1	0.2	9	0.5	0	0.042225	0	16.6	1.0605	0.5
2	0.4	11	1.0	0	0.033093	0	24.1	0.83228	0.5
3	0.6	13	1.0	0	0.025395	0	29.4	0.64038	0.5
4	0.8	15	1.5	0	0.016859	0	16.0	0.42266	0.5
5	1.0	17	1.5	0	0.010328	0	21.4	0.24441	0.5

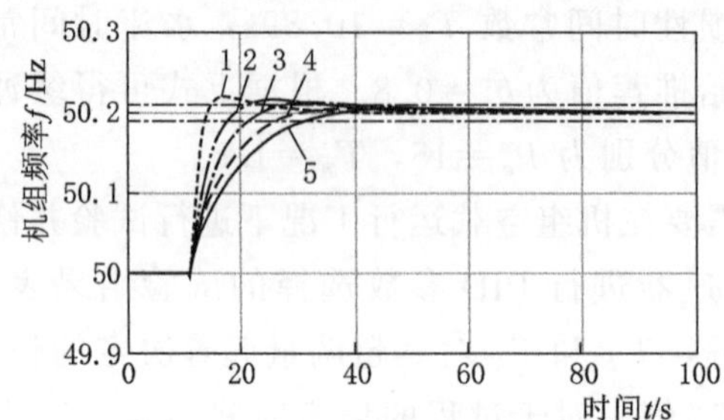

图 5.6.2 K1 工况下机组频率响应对比曲线

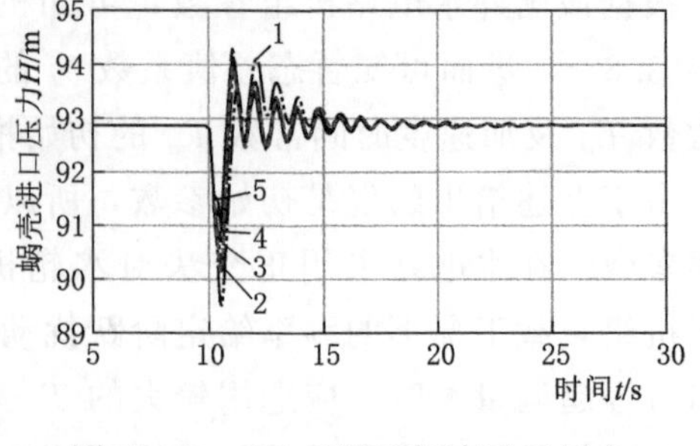

图 5.6.3 K1 工况下蜗壳进口压力对比曲线

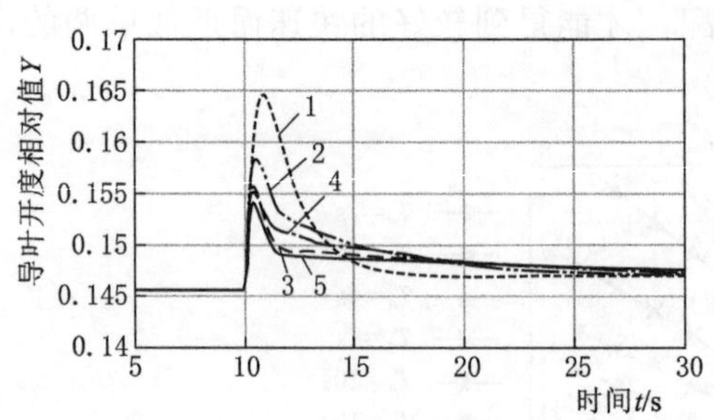

图 5.6.4 K1 工况下导叶开度响应对比曲线

结合表及图分析可知，当机组在空载工况下遭受到+2Hz 的频率扰动后，采用 5 组参数的水轮机调速器均能快速消除频率扰动对机组造成的冲击，使得机组频率、蜗壳进口压力及导叶开度均能快速、精确稳定在稳定值。除第 3 组调速器参数（调节时间略长，超过规范所要求的 25s），其他 4 组调速器参数所对应的调节品质指标均能满足规范要求。总体而言，采用第 4 组调速器参数所对应的调节时间最短，并且其他小波动调节品质指标相对最优。鉴此，空载工况下的水轮机调速器参数推荐采用第 4 组参数，即 $b_t=0.8$、$T_d=15$、$T_n=1.5$、$b_p=0$。

本节根据理论分析、仿真研究和工程实践所得到的调速器空载运行参数（b_t、T_d、T_n）推荐初始参数范围，折中选择调速器初始空载运行参数，并在此基础上选择 5 组参数进行优化。采用华东院 Hysim 程序对上述 5 组参数分别进行机组空载频率扰动过渡过程计算，结果表明该国外水电站在空载工况下能够实现稳定，推荐的一组调速器空载运行参数（$b_t=0.8$、$T_d=15$、$T_n=1.5$，$b_p=0$）能够保证水轮发电机组快速、稳定同期并网。

5.7 以机组运行稳定为基础的薄弱电网大型水电站运行调度策略

该国外水电站的尾水调压室容积巨大，在孤网条件下的某些极端工况下其调压室稳定性并不理想，然而孤网运行对于多数电站来说并非是事实。根据有关调查确认，该水电站投运时，本厂出力在电网中所占的最大比例约为 51.8%，随着负荷增长，这一比例逐年降低。这也就是说，乌干达电网对于该水电站而言形成不了大电网或者孤立电网的条件，乌干达电网只能作为一个局域电网来进行分析。根据斯坦因等人的研究，在较为实际的电网条件假定前提条件下，调压室的小波动稳定性将会大幅度提高。

鉴于此，本章的主要研究内容为，在较为实际的局域电网假定前提下对该水电站的调压室小波动稳定性进行分析，并探讨机组运行调度策略。

5.7.1　实际电网对调压室稳定性的影响

理想孤网假定完全排除了电网因素对水电站小波动稳定性的影响，从而使得电网模拟成为了多余。理想孤网假定之所以能被广泛地应用除了简化分析模型这一点之外，一个大家公认的主要的因素是用它所得到的分析成果是偏保守、偏安全的。这符合工程分析模型简化必须保证分析成果偏安全这一原则。但是，如果一个假定过于偏保守，对于高投资的工程项目也是不可取的。

斯坦因（Stein）等早在1947年就指出，托马（Thoma）公式的有效性与这个电站在电网总容量的比例有关。斯坦因根据电站作有差调频运行时的功率分配原理，推出了考虑电网容量影响的托马临界断面修正公式：

$$A_c = C \times A_{th} = [1 - 1.5(1 - K)] \times A_{th} \tag{5.7.1}$$

式中：A_c 为考虑电网因素后的实际临界断面；A_{th} 为考虑了电网因素之后的实际临界断面；C 为电网因素修正系数；K 为电站运行容量与全网参与一次调频所有发电机总容量之比。

这一公式表明：当本电站出力占整个电网调频总容量100%时（孤网条件），$K=1$，$C=1$，实际的调压室临界断面等于托马临界断面。当该水电站出力占整个电网调频总容量80%时（孤网条件），$K=0.8$，$C=0.7$，实际的调压室临界断面等于托马临界断面的70%。当本电站出力占整个电网调频总容量50%时（孤网条件），$K=0.5$，$C=0.25$，实际的调压室临界断面等于托马临界断面的25%。当本电站出力占整个电网调频总容量40%时（孤网条件），$K=0.4$，$C=0.1$，实际的调压室临界断面等于托马临界断面的10%。

5.7.2　实际电网有关参数简介及其对调压室稳定性的影响

要分析电网因素的影响，就必须模拟电网，建立电网模型，然而实际电网不但高度复杂，而且具有高度的时变性。因此，要在调压室小波动稳定的分析模型中模拟电网，就必须分析究竟电网中哪些因素与调压室稳定分析以及水力过渡过程的分析有关，以达到保留影响重大的因素，忽略影响不大的因素，以达到简化模型的目的。电网中可能对调压室小波动稳定分析和水力过渡过程有较大影响的因素一般认为有以下几种：

（1）电网负荷的自调节系数。此参数是反映电网负荷随网频变化而变化的参数。电网自调节系数是一个函数，它与网频并非只是线性相关，它既有线性相关部分，也有二次与高次相关部分。电网负荷的自调节系数随着调频电源的广泛应用与电动机负荷比重越来越小，其值越来越小。电网负荷的自调节系数具有很大的时变性与不确切性。目前根本不存在可靠方法确定其值。由于上述两个原因，电网负荷的自调节系数在实际分析中，不具备可应用性。在分析中可令其值为零。

（2）由电网中其他电厂发电机和电网负荷中的同步、异步电动机所形成的电网机电惯性时间常数 H。H 值主要是由电网中正在运行的发电机与电动机惯性时间常数 T_a 而形成。发电机的 T_a 值一般容易得到，而电动机较难。小电动机的 T_a 多在1s以下。发电机的 T_a 值一般在4～12s之间。而该水电站调压室的波动周期超过了1000s，与发电机的 T_a 值完全不在一个数量级上，调压室小波动稳定性对这个 H 参数并不敏感。

由于 H 的值一般不会小于 2.0，所以令 $H=2.0$ 是一个保守的假定。

(3) 电网中其他电厂发电平均频率调差系数 d_p。发电厂的频率调差系数决定了当电网频率缓慢变化时，各发电厂参与调节的程度，而参与调节程度对调压室稳定性分析意义重大。b_p 值一般为 0.04～0.06。如果无确切数据，一般可在 0.04～0.06 范围内任取一值。

(4) 本厂并网发电容量与电网参与调频所有发电机组总实际容量之比 k。根据参数 k 的定义，电网中不参与调频的发电容量必须排除在外。一个电网中或多或少有些发电机组是不参与（一次）调频的。这些机组包括：

1) 不配备调速器的小水电机组、风力发电单元和光伏发电单元。

2) 切除测频元素，作自动功率调节的机组。

3) 作定开度运行的机组。

4) 作定出力运行机组（包括核电、火电）。

5) 一个电网中不参与一次调频的发电容量越大，这个电网的频率稳定性就越差，所以多数电网都严格控制不参与调频的发电容量比例。

5.8　基于局部电网模型的机组运行调度策略分析

5.8.1　局部电网模型参数设置

由前文可知，2018 年该水电站投运时，本厂出力在电网中所占的最大比例为 51.8%，故电网中不参与一次调频容量占除本厂外电网中其余发电容量的比值为 10%～100%下的并网发电参数 K 的计算表见表 5.8.1。

表 5.8.1　　该水电站并网发电参数 K 计算表

电网中不参与一次调频容量占除本厂外电网中其余发电容量之比/%	参数 K 值	电网中不参与一次调频容量占除本厂外电网中其余发电容量之比/%	参数 K 值
10	0.544	61	0.734
20	0.573	65	0.754
30	0.606	70	0.782
40	0.642	80	0.843
50	0.682	100	1.000
60	0.729		

电网自调节系数 $\varepsilon=0$，电网惯性常数 $H=2.0$，电网其他发电机组的频率调差率 $b_p=0.05$。

5.8.2　机组运行调度策略分析

1. 计算工况

从小波动计算理论来讲，不考虑电网负荷特性是偏于保守和安全的。根据小波动解析推导理论，水轮机工作水头越小，引水发电系统的小波动稳定性则越差，鉴此，拟定如表 5.8.2 所示的计算工况。

表 5.8.2 主 要 计 算 工 况

计算工况	上游水位/m	下游水位/m	初始工况	叠加工况	计算目的
G1	1028.00	963.30	上游死水位，下游实测尾水历史最高洪水位，3 台机均带最大预想出力	电网增加 2MW 负荷	判断调压室的稳定性

2. 并网发电参数 K 敏感性分析

该水电站并网发电参数 K 敏感性分析初步选择四组参数进行计算，K 分别为 0.573、0.682、0.734、0.754。四组并网发电参数 K 下调压室水位波动响应曲线分别如图 5.8.1～图 5.8.4 所示（其中横轴表示时间，单位为 s；纵轴表示水位，单位为 m）。

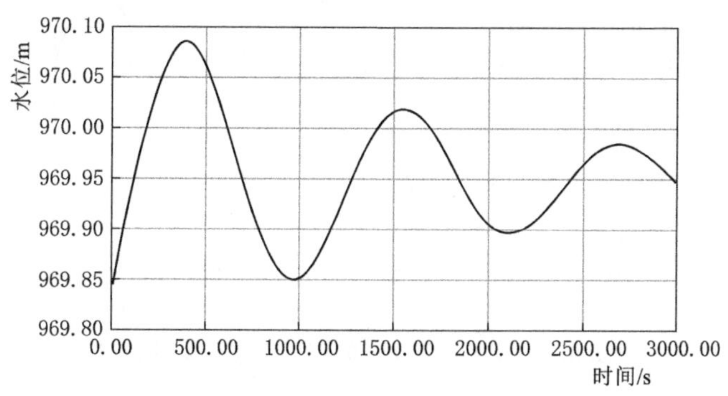

图 5.8.1 $K=0.634$ 下的调压室水位响应曲线

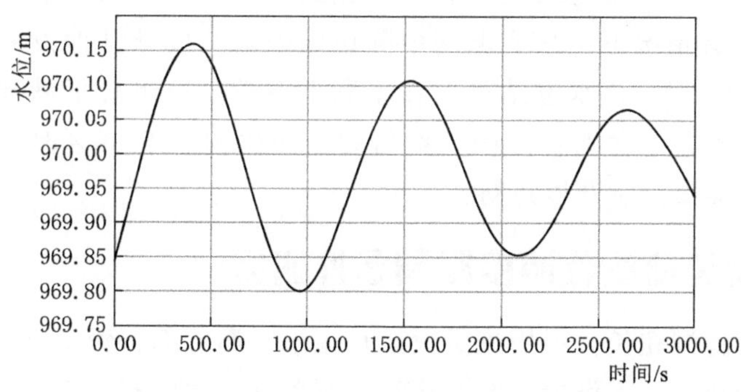

图 5.8.2 $K=0.735$ 下的调压室水位响应曲线

结合图 5.8.1～图 5.8.4 可知，随着 K 值逐渐增大，调压室水位的衰减速度趋缓。当 $K=0.734$ 时（此时电网中不参与一次调频容量占除本厂外电网中其余发电容量之比为 61%），调压室水位处于等幅振荡状态。由此表明，当电网中除了本电厂之外还存在其他作有差调频运行的发电机组时，该局部电网就对该水电站调压室小波动稳定性有巨大正面作用，并且其他作有差调频运行的发电机组占除本厂外电网中其余发电容量越大，该水电站的调压室小波动稳定性就越好。

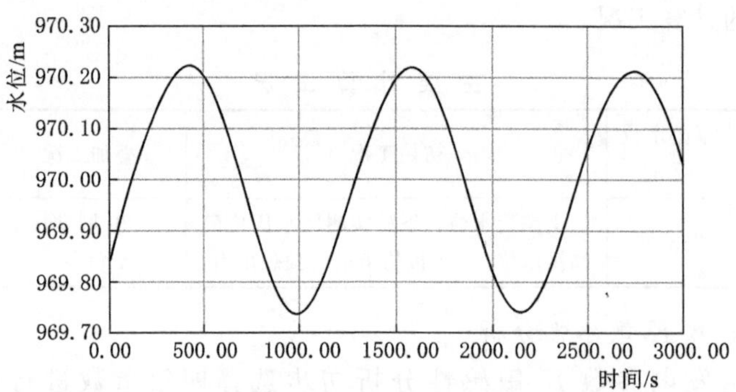

图 5.8.3 $K=0.78$ 下的调压室水位响应曲线

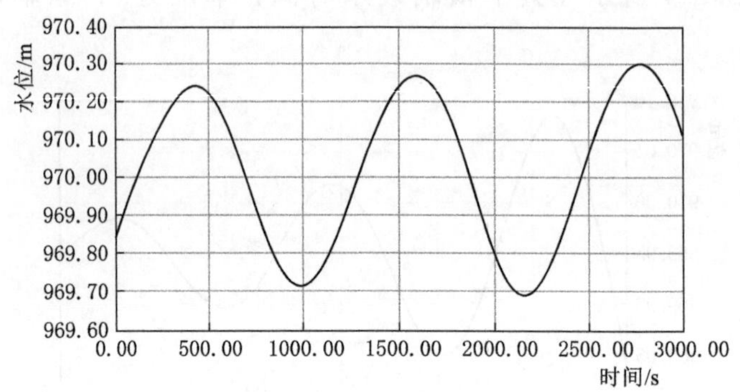

图 5.8.4 $K=0.798$ 下的调压室水位响应曲线

3. 机组运行调度策略分析

结合并网发电参数 K 敏感性分析内容，由此可以推出，当该水电站电站容量占全网容量不超过 51.8%情况下，只要电网中除该国外电站以外其他发电容量中，参与调频的比例不低于 39%时，该水电站可以在不利上下游水位组合下满开度运行；假如电网中除该水电站以外其他发电容量中，参与调频的比例小于 39%时，该水电站在不利上下游水位组合下需要限制开度运行。

5.9 机组增减负荷运行调度限制条件研究

该水电站尾水隧洞超长，引用流量大，且尾水隧洞首部布置了巨型调压室结构，过渡过程工况涌浪变幅大，需设置必要的运行限制条件，并留有一定的裕度，以确保运行安全。

根据国内过渡过程计算的一般规定，发生一次事故或者大幅度增减负荷作为设计工况，发生两次事故或者偶发事件叠加的工况作为校核工况。此次运行限制条件计算主要考虑尾水调压室最高涌浪不能超过结构高程，考虑了更加恶劣的叠加工况进行计算。

5.9.1 增负荷运行限制条件研究

增负荷工况见表 5.9.1，增负荷工况调压室水位波动见表 5.9.2，增负荷工况调压室涌浪过程线如图 5.9.1 所示。

表 5.9.1　　增负荷工况表

计算工况	上游水位/m	下游水位/m	机组情况	初始工况	计算目的
Z1	1030.00	966.48	0—1	一台机增负荷	下调最高涌浪（可限制连续增荷时间 ΔT）
Z2	1030.00	966.48	0—2	二台机同时增负荷	
Z3	1030.00	966.48	0—3	三台机同时增负荷	

表 5.9.2　　增负荷工况调压室水位波动表

工况	参数	第一个波波动周期	第二个波波动周期	备注
Z1	最高涌浪/m	973.7	969.7	最高的波峰为第一个波峰在第 221s 出现
	最低涌浪/m	963.9	966.0	
	振幅/m	9.8	3.7	
	历时/s	860	1800	
Z2	最高涌浪/m	979.3	971.4	最高的波峰为第一个波峰在第 222s 出现
	最低涌浪/m	965.7	968.7	
	振幅/m	13.6	2.7	
	历时/s	890	1860	
Z3	最高涌浪/m	984.2	973.5	最高的波峰为第一个波峰在第 223s 出现
	最低涌浪/m	966.5	972.4	
	振幅/m	17.7	1.1	
	历时/s	910	1900	

图 5.9.1 和表 5.9.1、表 5.9.2 分析了一台、二台、三台机组从停机增至额定负荷后调压室水位波动的衰减情况。

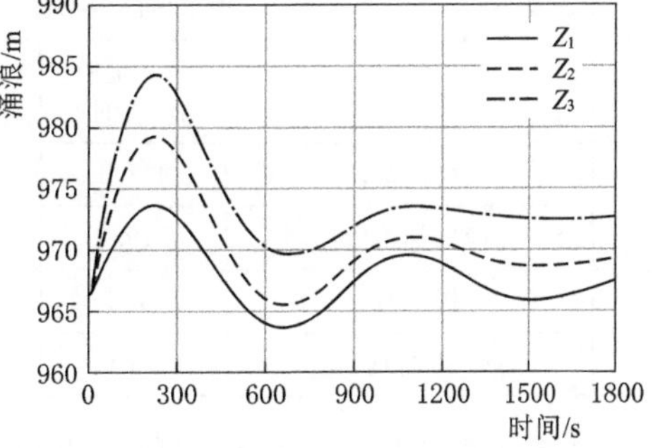

图 5.9.1　增负荷工况调压室涌浪过程线

从以上分析成果可看出，随着增负荷机组台数的增加，增负荷后调压室涌浪波动幅度逐渐增大，但涌浪衰减较显著。为避免调压室涌浪过高，应控制同一水力单元机组增负荷间隔时间大于半个波动周期。

为简化机组操作，避免误操作，并留有一定裕度，要求同一水力单元内的机组不准同时增负荷，机组相继增负荷间隔时间必须满足如下要求：

当一台机组增至额定负荷后，需至少间隔 8min，另外一台机组才允许增负荷。

5.9.2　甩负荷后再增负荷运行限制条件研究

甩负荷及甩负荷后再增负荷工况见表 5.9.3。

表 5.9.3 甩负荷及甩负荷后再增负荷工况表

<table>
<tr><th>计算工况</th><th>上游水位/m</th><th>下游水位/m</th><th>机组情况</th><th>初始工况</th><th>叠加工况</th><th>计算目的</th></tr>
<tr><td>Z4</td><td>1030.00</td><td>966.48</td><td>3—0</td><td>三台机正常运行，突甩全部负荷</td><td>—</td><td rowspan="3">下调最高涌浪（可限制连续增荷时间 ΔT）</td></tr>
<tr><td>Z5</td><td>1030.00</td><td>966.48</td><td>3—0—1</td><td>三台机正常运行，突甩全部负荷</td><td>经过 ΔT_1 时间后一台机增负荷</td></tr>
<tr><td>Z6</td><td>1030.00</td><td>966.48</td><td>3—0—1—2—3</td><td>三台机正常运行，突甩全部负荷</td><td>经过 ΔT_1 时间后一台机增负荷，经过 ΔT_2 时间后第二台机增负荷，经过 ΔT_3 时间后第三台机增负荷</td></tr>
</table>

表 5.9.4 分析了三台机组同时甩负荷后的调压室水位波动情况。为控制调压室最高涌浪水平，需待调压室涌浪过了第一波后（间隔 16min），方可开启机组。

表 5.9.4 甩负荷工况调压室水位波动表

工况	参　数	第一个波波动周期	第二个波波动周期	备　注
Z4	最高涌浪/m	977.4	972.9	最高的波峰为第一个波峰在第689s出现
	最低涌浪/m	949.7	958.3	
	振幅/m	27.7	14.6	
	历时/s	910	1800	

表 5.9.5 分析了三台机组同时甩负荷后间隔超过一个波动周期后一台机组从停机增至额定负荷后调压室水位波动衰减情况。

表 5.9.5 甩负荷后再增负荷工况调压室水位波动表

工况	参　数	第一个波波动周期	第二个波波动周期	第三个波波动周期	备　注
Z5	最高涌浪/m	977.4	980.0	971.3	最高的波峰为第二个波峰，在第1550s出现
	最低涌浪/m	949.7	958.0	961.2	
	振幅/m	27.7	22.0	10.1	
	历时/s	910	1800	2700	

表 5.9.6 分析了三台机组同时甩负荷后间隔超过一个波动周期后一台机组从停机增至额定负荷，再间隔超过半个周期后另一台机组从停机增至额定负荷，又间隔超过半个周期后另一台机组从停机增至额定负荷，调压室水位波动衰减情况。

从以上分析成果看，为避免调压室涌浪过高，应控制同一水力单元机组甩负荷后间隔时间大于一个波动周期后再增负荷，相继增负荷的间隔时间大于半个波动周期。

为简化机组操作，避免误操作，并留有一定裕度，要求甩负荷后机组不准立刻增负荷，同一水力单元内的机组不准同时增负荷，机组增负荷间隔时间必须满足如下要求：

(1) 当机组甩负荷后，需至少间隔 16min 后，才允许增负荷。

(2) 当一台机组增至额定负荷后，需至少间隔 8min，另外一台机组才允许增负荷。

表 5.9.6　　甩负荷后再相继增负荷工况调压室水位波动表

工况	参　数	第一个波波动周期	第二个波波动周期	第三个波波动周期	第四个波波动周期	备　注
Z6	最高涌浪/m	977.4	980.0	978.4	978.9	最高的波峰为第二个波峰，在第 1550s 出现
	最低涌浪/m	949.7	958.0	967.0	972.8	
	振幅/m	27.7	22.0	11.4	6.1	
	历时/s	910	1800	2700	3600	

6 真机原位试验内容

水电站真机原位试验是机组正式投产前必做的试验，试验时进行辅助反演计算可发现试验过程中的问题，然后通过调整和优化，对于保证工程安全有重要意义。根据现场甩负荷试验，进行相同工况的数值反演计算，对比分析实测数据及数值计算结果，对数值反演计算结果进行修正，对极端工况进行校核可为机组永久运行提供重要支撑。该水电站发电运行后，对1号、2号和3号水力单元的1～6号机组先后进行了甩负荷试验的水力学原型观测，并利用数值仿真计算方法进行了相应工况的复核计算；将计算结果与试验成果进行对比，以评估水力过渡过程计算成果并以此全面复核电站水力学特性。由于1号、2号和3号水力单元的监测成果与对比分析结论基本相同，所以本章以1号水力单元为例对其详细情况进行介绍。

6.1 基本情况介绍

机组参数见表6.1.1，尾水调压室参数见表6.1.2，水轮机特性曲线见图6.1.1。

表6.1.1 机组参数

项目	参数	备注
布置方式	引水单洞单机 尾水三机一洞	
机组台数	6台	电站装机容量6×100MW
水轮机型号	—	
转轮进口直径	4.452m	
转轮出口直径	4.4m	
额定转速	142.9r/min	
转动惯量（GD^2）	19860t·m^2	
安装高程	937.1m	
水轮机额定水头	60m	
水轮机额定功率	102MW	
水轮机最大功率	112MW	
导叶关闭规律	14s	
导叶开启规律	20s	
机组特性曲线	—	
水轮机效率修正	1.0154	

表 6.1.2 尾水调压室参数

项　　目	参　　数	备　　注
调压室形式	阻抗式	
高程 938～971.7m	净面积 $2979m^2$	调压室竖井主体
高程 971.7～975.3m	净面积 $2974m^2$	双层检修平台之间
高程 975.3～983.3m	净面积 $3160m^2$	上层检修平台—启闭机平台

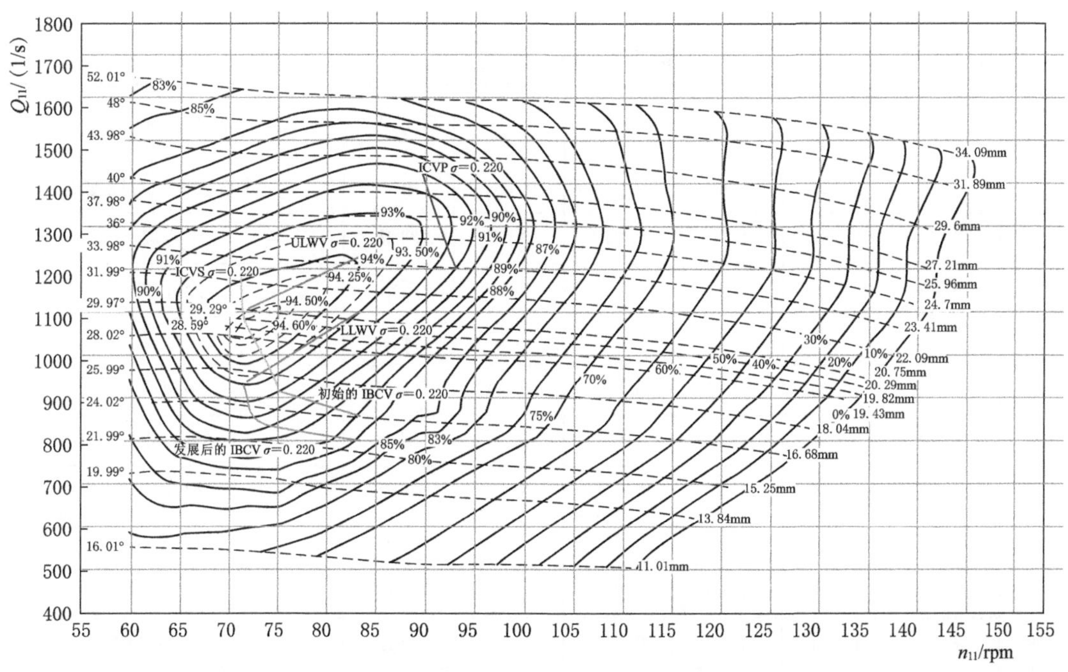

图 6.1.1 水轮机特性曲线

6.2 水力过渡过程计算控制值确定

根据《水电站左岸输水安全监测和分析合同》、技术规范、项目竣工验收报告及相关图纸，该水电站大波动水力过渡过程计算控制值如下：

（1）机组蜗壳允许最大压力升高相对值 $\xi_{cmax} \leqslant 35\%$，换算成绝对值为最大压力不大于 125.43m。

（2）机组最大转速上升率 $\beta_{max} \leqslant 55\%$。

（3）尾水管进口最小压力大于－6.9m。

6.3 水力过渡过程计算

6.3.1 计算模型及参数

该水电站计算模型如图 6.3.1 所示，对应的管道参数见表 6.3.1。

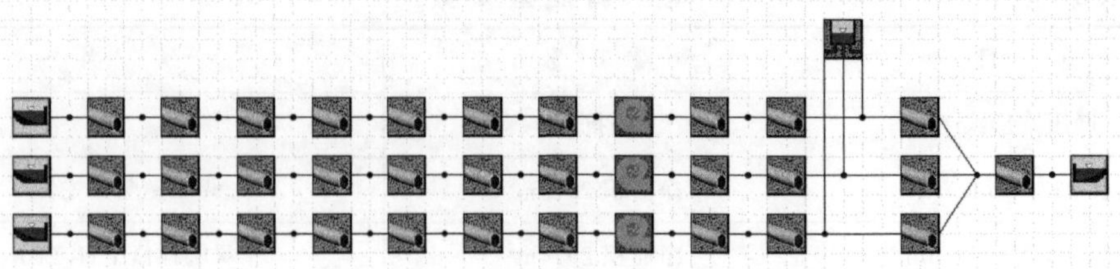

图 6.3.1 该水电站输水发电系统计算简图

—上库；—下库；—压力管道；—三联调压井；—混流式水轮发电机组

表 6.3.1 输水发电系统管道参数表

管段编号	长度/m	当量面积/m^2	水力半径/m	糙率	局部损失系数	断面型式	备 注
1	26.40	53.29	1.66	0.014	0.737	矩形	进水口段至上弯段起点
2	23.56	46.57	1.93	0.012	0.15	圆形	上弯段
3	48.66	46.57	1.93	0.014	0.00	圆形	竖井段
4	23.56	46.57	1.93	0.012	0.15	圆形	下弯段
5	111.25	49.73	1.92	0.014	0.20	马蹄形	平洞段
6	25.20	42.94	1.69	0.012	0.03	圆形	进厂段
7	25.00	27.15	1.47	0.000	0.00	圆形	蜗壳段
8	41.50	30.54	1.62	0.000	0.00	圆形	尾水管段
9	160.19	51.13	1.89	0.014	1.558	马蹄形	尾水支管段 1
10	62.76	46.11	1.78	0.014	0.22	马蹄形	尾水支管段 2
11	8672.52	141.56	3.22	0.0135	1.94	马蹄形	尾水主洞段

注：1. 局部、岔管水头损失系数均按照$\zeta\frac{Q^2}{2gA^2}$计。

2. 引水、尾水钢筋混凝土段糙率按平均值 0.014 选取，钢衬段糙率按平均值 0.012 选取，而蜗壳和尾水管段由于其水头损失已包含在水轮机的效率中，故不计其水头损失，糙率取 0。

6.3.2 计算工况

响应合同拟定大波动计算工况见表 6.3.2，超出力大波动过渡过程计算工况见表 6.3.3。

表 6.3.2 响应合同拟定大波动计算工况参考表

计算工况	上游水位/m	下游水位/m	负荷变化	说 明
D1	1030	961.23	3→0	上游最高发电水位，下游满发水位，三台机正常运行时事故甩负荷
D2	1030	960.40	3→0	上游最高发电水位，下游 30 年径流系列实测最低平均尾水位，三台机正常运行时事故甩负荷

续表

计算工况	上游水位/m	下游水位/m	负荷变化	说明
D3	1028	961.23	2→3	上游最低发电水位，下游满发水位，两台机正常运行，第三台机开机增至满负荷
D4	1028	958.32	0→1	上游最低发电水位，下游半台机发电水位，一台机开机增至满负荷
D5	1030	958.32	0.5→0 (50%→0)	上游最高发电水位，下游半台机发电水位，一台机按50%额定出力运行时事故甩负荷
D6	1030	958.77	1→0	上游最高发电水位，下游一台机发电水位，一台机按额定出力运行时事故甩负荷
D7	1030	961.23	2→0	上游最高发电水位，下游六台机满发水位，一台机停机时，另两台机额定输出功率运行时事故甩负荷
D8	1030	966.48	3→0	上游最高发电水位，下游10000年一遇洪水位，三台机按实际输出功率运行时事故甩负荷

表6.3.3 超出力大波动过渡过程计算工况参考表

计算工况	上游水位/m	下游水位/m	负荷变化	说明
CD1	1030	961.23	3→0	上游最高发电水位，下游满发水位，三台机超出力（3×105MW）运行时事故甩负荷
CD2	1030	961.23	2→0	上游最高发电水位，一台机停机，另两台机超出力（2×110MW）运行时事故甩负荷
CD3	1028	961.23	2→3	上游最低发电水位，下游满发水位，两台机正常运行，第三台机开机增至实际可达最大出力
CD4	1028	958.32	0→1	上游最低发电水位，下游半台机发电水位，一台机开机增至超出力110MW
CD5	1030	958.32	0.5→0 (50%→0)	上游最高发电水位，下游半台机发电水位，一台机按50%超出力（55MW）运行时事故甩负荷
CD6	1030	958.77	1→0	上游最高发电水位，下游一台机发电水位，一台机按超出力（110MW）运行时事故甩负荷
CD7	1030	961.80	2→0	上游最高发电水位，下游2年一遇洪水位，一台机停机，另两台机超出力（110MW）运行时事故甩负荷
CD8	1030	966.48	3→0	上游最高发电水位，下游10000年一遇洪水位，三台机按实际输出功率运行时事故甩负荷

6.3.3 水力过渡过程复核计算结果及分析

针对表6.3.2中列出的工况，采用所列的机组实测导叶关闭规律进行大波动过渡过程计算，各工况的大波动参数计算结果见表6.3.4，超出大波动计算结果见表6.3.5。

表 6.3.4 大波动参数计算结果

计算工况	蜗壳进口最大压力/m	尾水管进口最小压力/m	机组转速/%	最高涌浪/m	最低涌浪/m	引水隧洞最小内压/m	尾水隧洞最小内压/m
控制标准	<125.42	>−6.9	≤55%	<983.30	>941.1	≥2.0	≥2.0
D1	103.33	7.35	48.8	972.53	943.85	7.98	4.75
D2	103.55	6.73	47.7	971.61	943.24	8.03	4.14
D3	90.71	21.53	—	973.71	964.53	5.56	25.43
D4	90.85	10.42	—	966.25	955.62	5.38	16.52
D5	104.67	12.70	12.7	961.73	954.52	9.0	13.02
D6	104.23	10.83	40.1	964.30	952.12	8.30	13.02
D7	104.10	12.24	44.1	970.26	948.74	8.16	9.64
D8	103.10	12.23	49.1	977.8	948.73	7.88	9.63

表 6.3.5 超出大波动计算结果

计算工况	蜗壳进口最大压力/m	尾水管进口最小压力/m	机组转速/%	最高涌浪/m	最低涌浪/m	引水隧洞最小内压/m	尾水隧洞最小内压/m
控制标准	<125.42	>−6.9	≤55%	<983.30	>941.1	≥2.0	≥2.0
CD1	103.4	6.58	54.2	972.85	943.08	7.77	3.98
CD2	103.66	11.37	51.0	970.70	947.87	7.94	8.77
CD3	89.61	23.36	—	972.76	965.31	5.59	26.21
CD4	89.32	10.52	—	966.33	955.71	5.38	16.61
CD5	104.59	12.65	14.6	961.91	954.29	8.96	15.19
CD6	104.35	10.32	45.3	964.60	951.68	8.15	12.58
CD7	103.36	11.82	51.6	971.33	948.32	7.91	9.22
CD8	103.10	12.23	49.1	977.80	948.73	7.88	9.63

6.4 蜗壳压力、尾水管压力以及转速三者随时间的变化关系

D1～D8 工况下的进口压力、出口压力及转速如图 6.4.1～图 6.4.8 所示，CD1～CD8 工况下的进口压力、出口压力及转速如图 6.4.9～图 6.4.16 所示。

结合表 6.3.4、表 6.3.5 及图 6.4.1～图 6.4.16，各工况大波动参数极值统计结果见表 6.4.1。

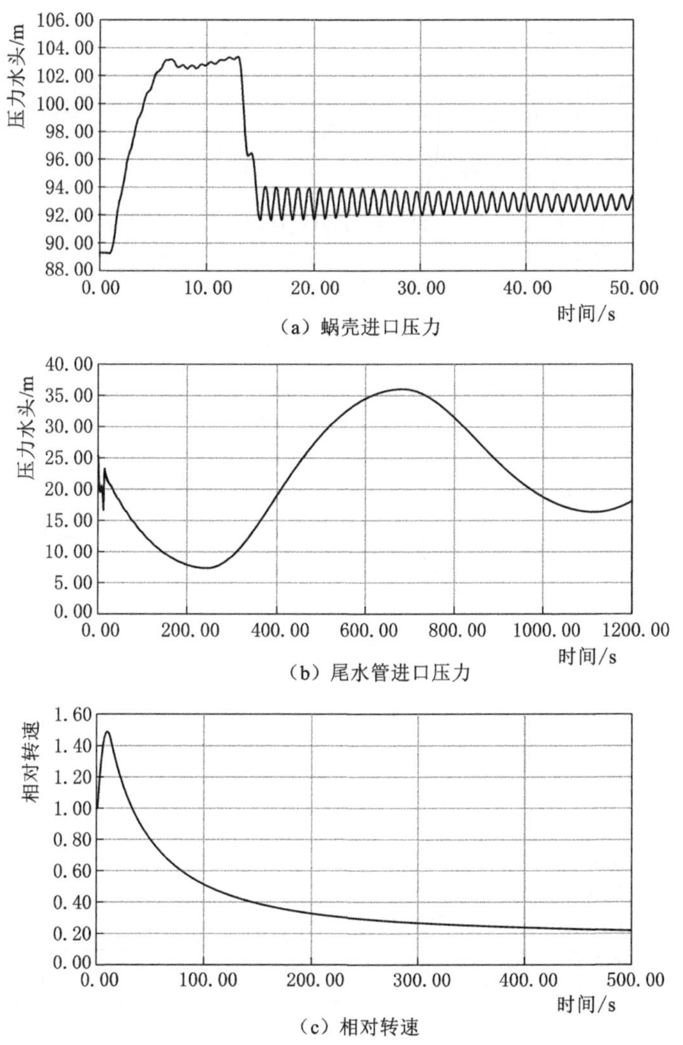

（a）蜗壳进口压力

（b）尾水管进口压力

（c）相对转速

图 6.4.1　D1 工况

表 6.4.1　　大波动过渡过程极值统计表

项　　目	极　值	工　况
蜗壳末端最大压力/(m·WC)	104.67	D5
机组最高转速上升率/%	149.1	D8
尾水管进口最小压力/(m·WC)	6.73	D2

由表 6.4.1 可知：

(1) 机组蜗壳末端最大压力计算值为 104.67m<125.43m，发生在 D5 工况下，根据电站调节保证设计值满足控制要求。

(2) 尾水管进口最小压力计算值为 6.73m<6.9m，发生在 D2 工况下，根据电站调节保证设计值满足控制要求。

(3) 机组最高转速上升率为 149.1%<155%，发生在 D8 工况下，根据电站调节保证设计值满足控制要求。

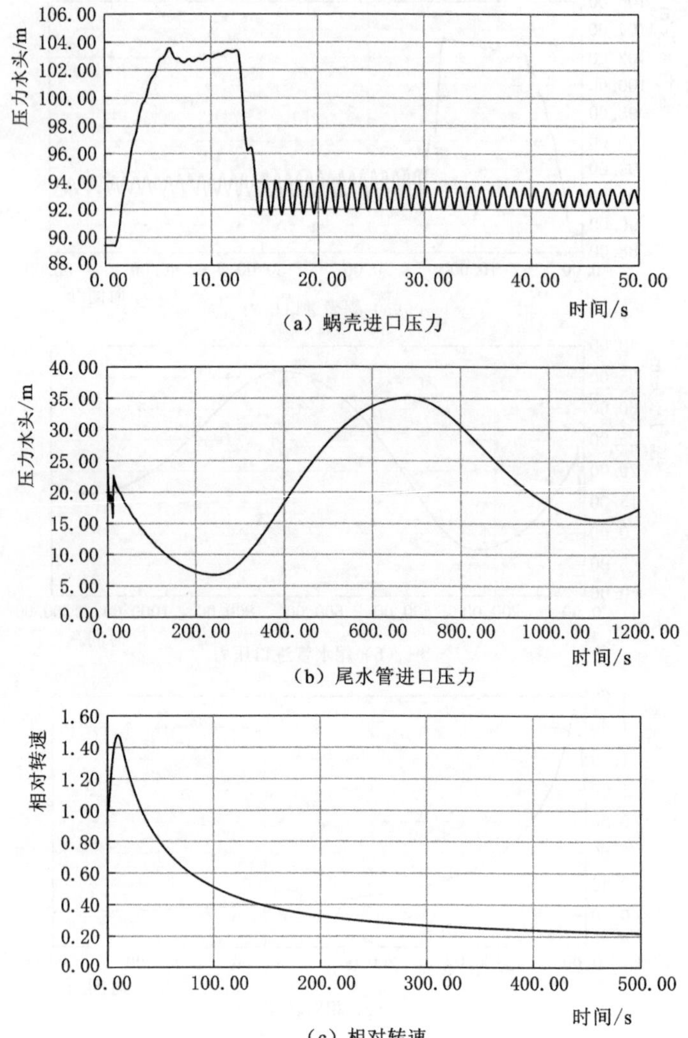

（a）蜗壳进口压力

（b）尾水管进口压力

（c）相对转速

图 6.4.2　D2 工况

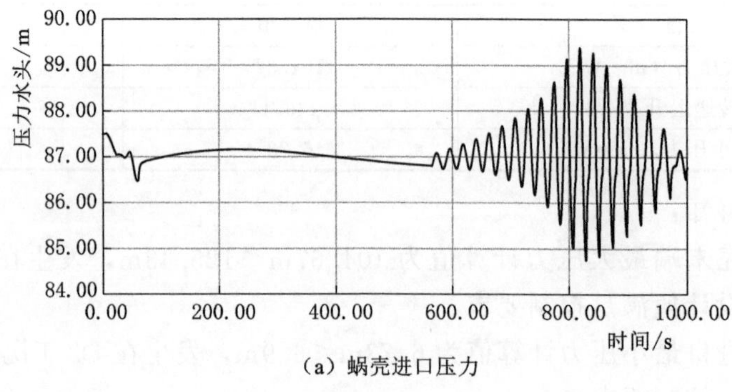

（a）蜗壳进口压力

图 6.4.3（一）　D3 工况

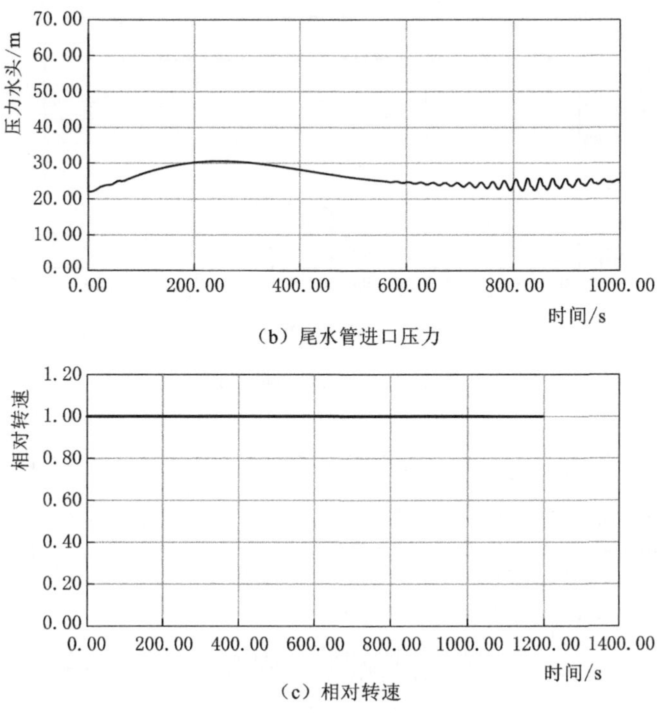

（b）尾水管进口压力

（c）相对转速

图 6.4.3（二） D3 工况

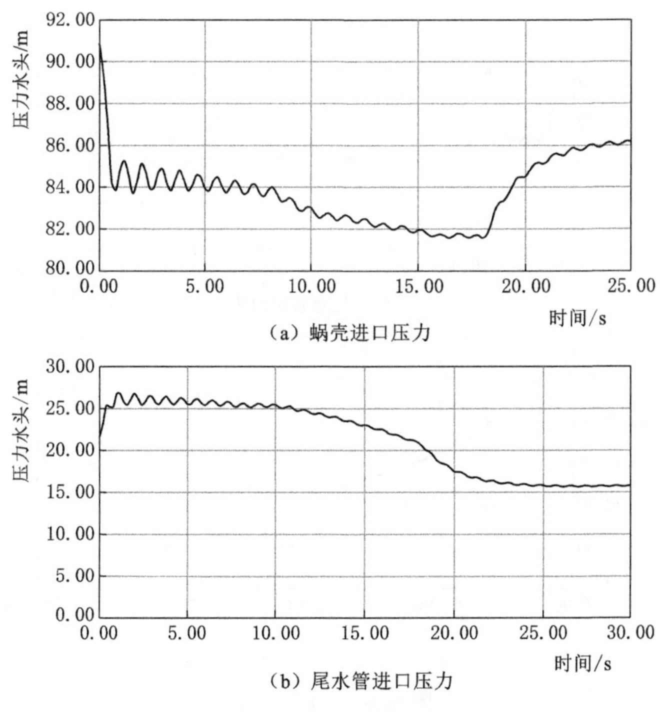

（a）蜗壳进口压力

（b）尾水管进口压力

图 6.4.4（一） D4 工况

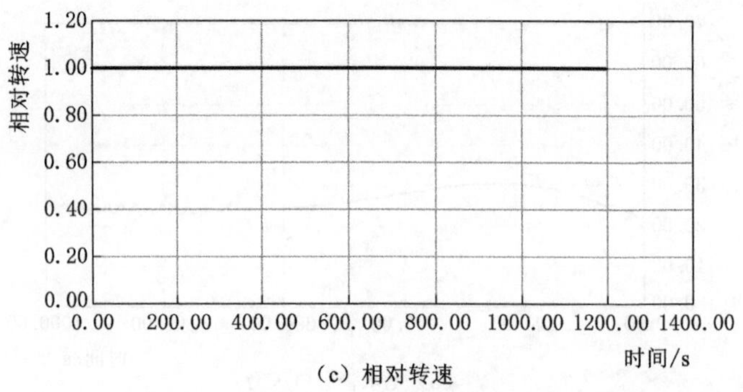

（c）相对转速

图 6.4.4（二）　D4 工况

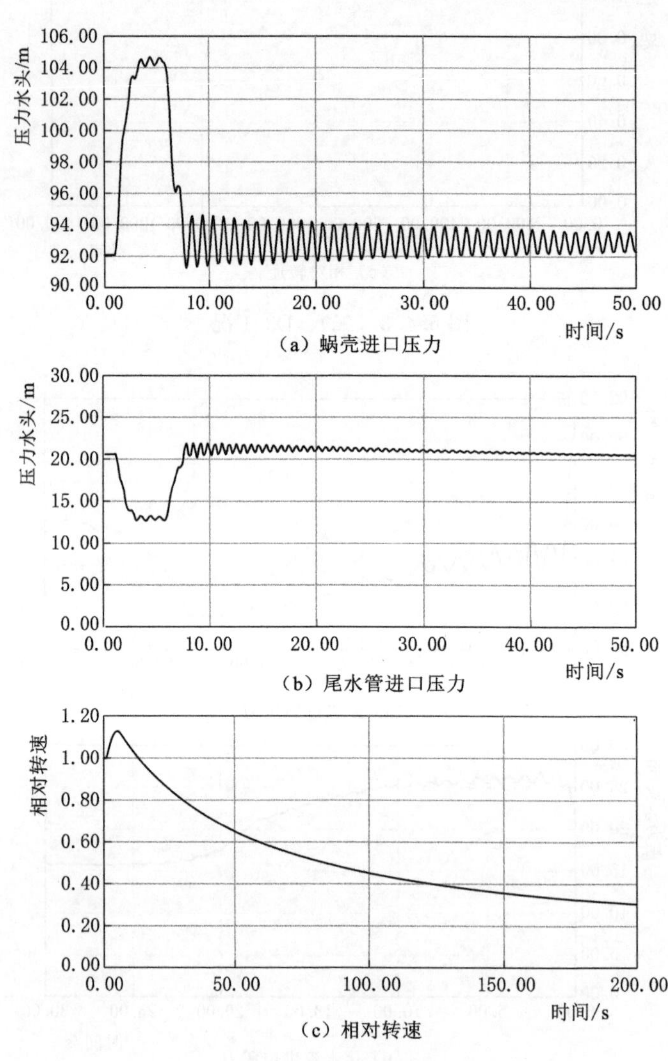

图 6.4.5　D5 工况

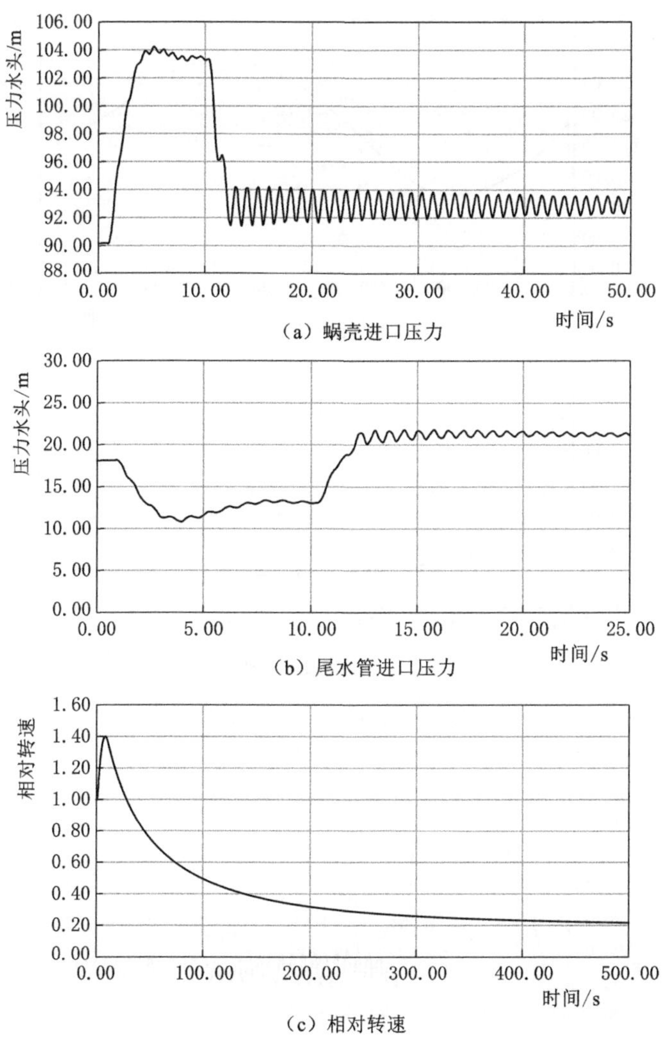

（a）蜗壳进口压力

（b）尾水管进口压力

（c）相对转速

图 6.4.6　D6 工况

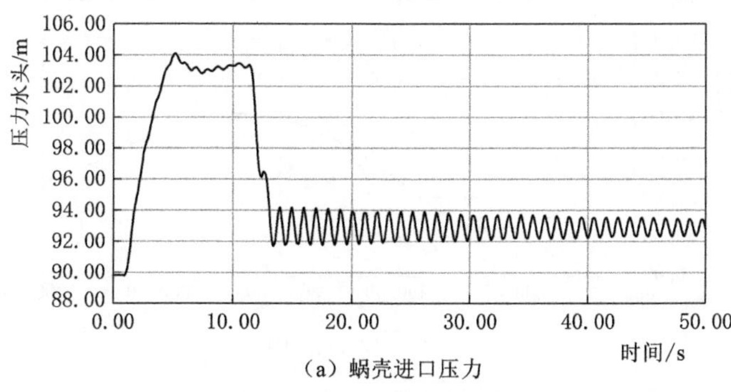

（a）蜗壳进口压力

图 6.4.7（一）　D7 工况

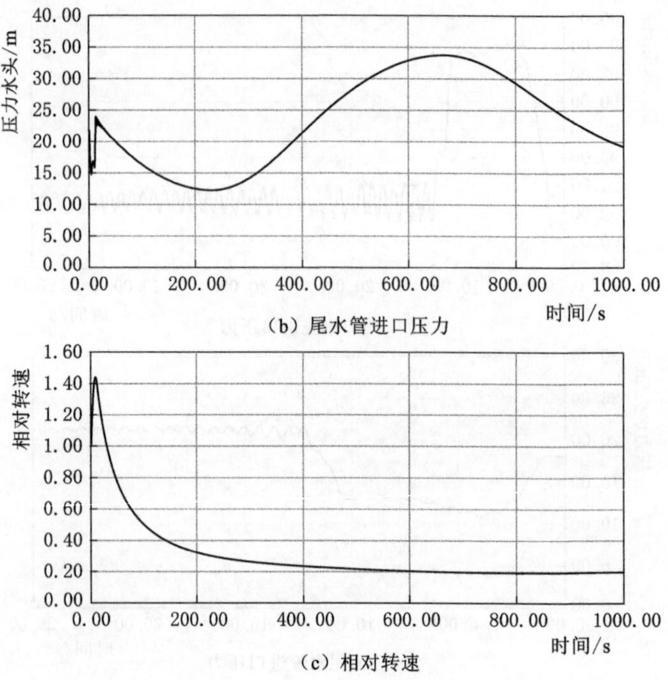

（b）尾水管进口压力

（c）相对转速

图 6.4.7（二） D7 工况

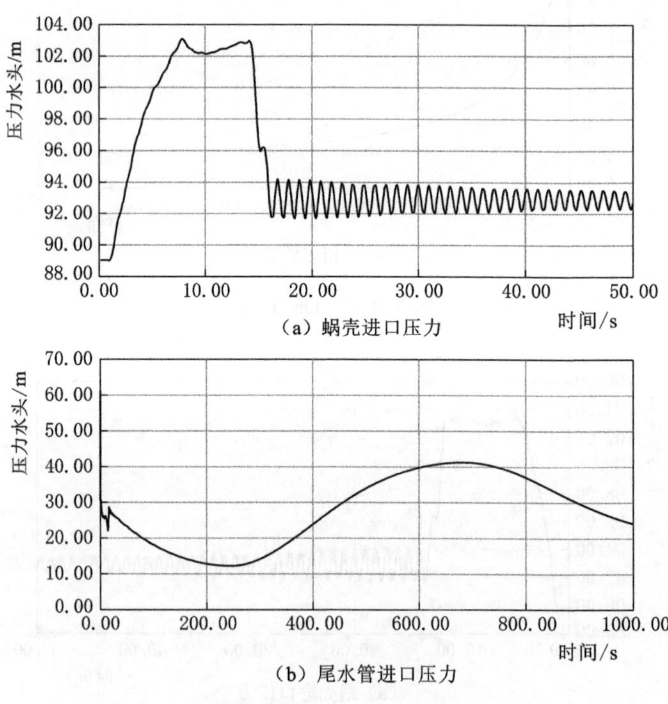

（a）蜗壳进口压力

（b）尾水管进口压力

图 6.4.8（一） D8 工况

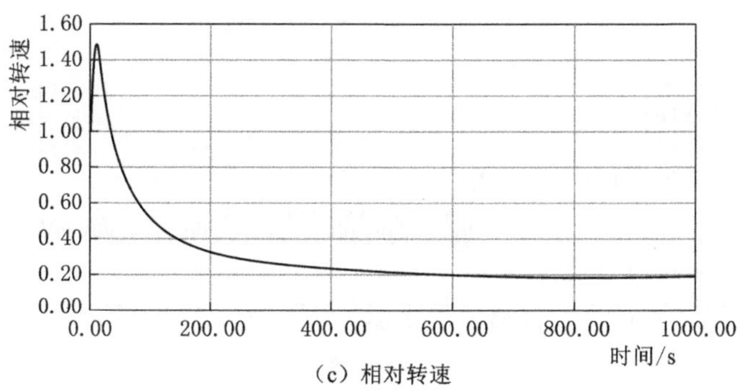

（c）相对转速

图 6.4.8（二）　D8 工况

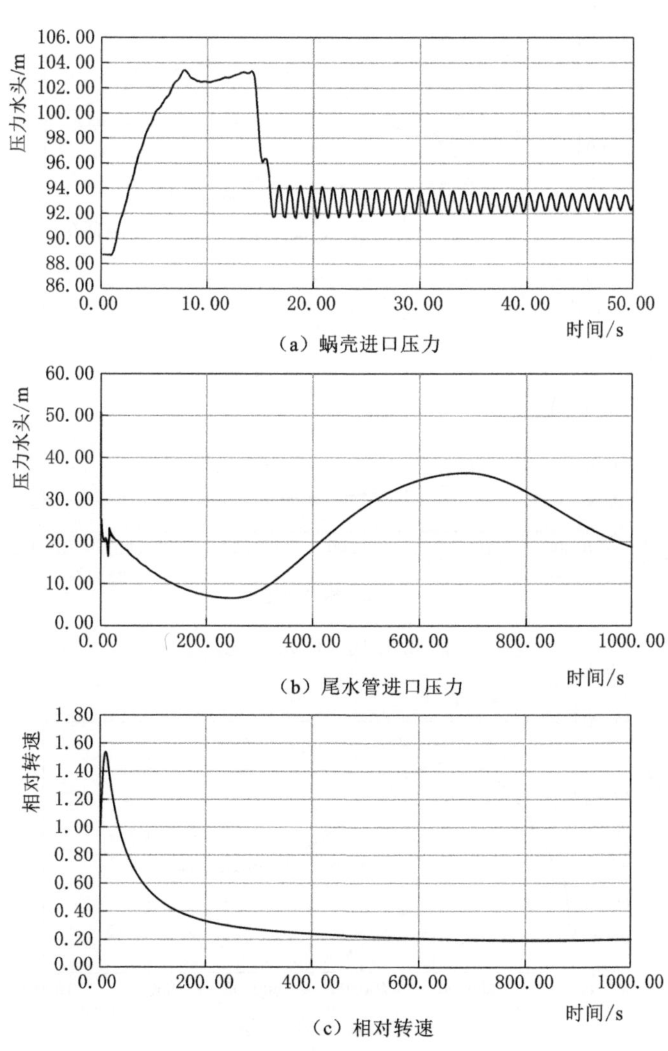

（c）相对转速

图 6.4.9　CD1 工况

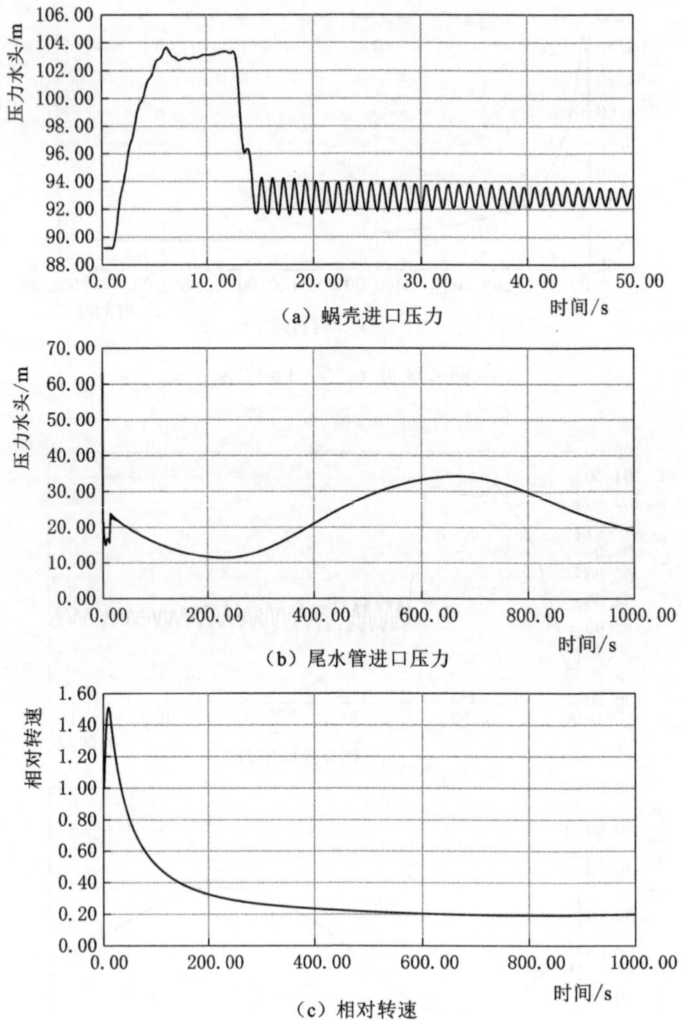

(a) 蜗壳进口压力

(b) 尾水管进口压力

(c) 相对转速

图 6.4.10　CD2 工况

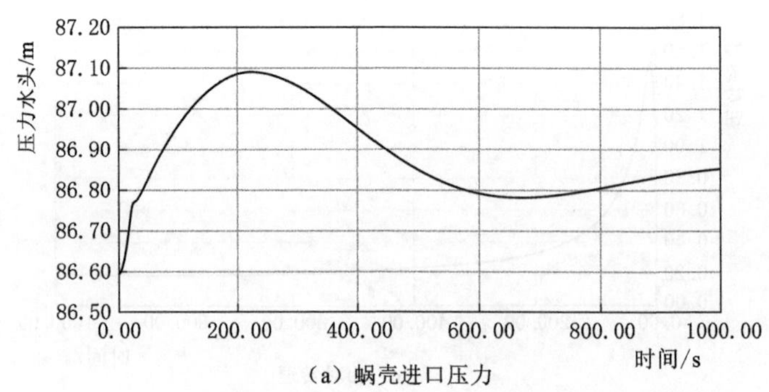

(a) 蜗壳进口压力

图 6.4.11 (一)　CD3 工况

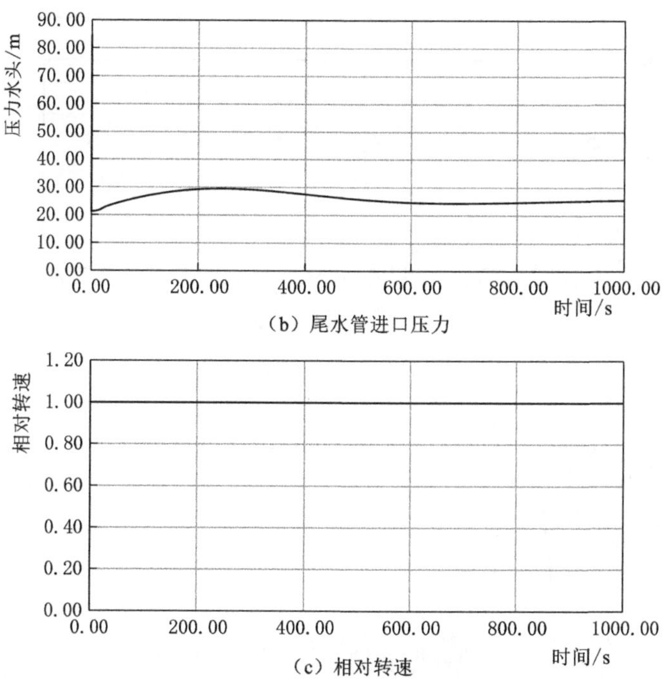

(b) 尾水管进口压力

(c) 相对转速

图 6.4.11（二） CD3 工况

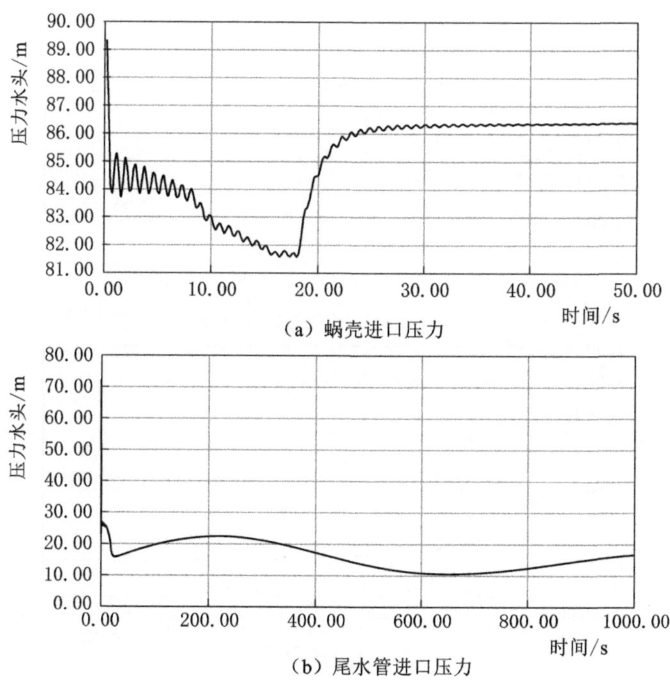

(a) 蜗壳进口压力

(b) 尾水管进口压力

图 6.4.12（一） CD4 工况

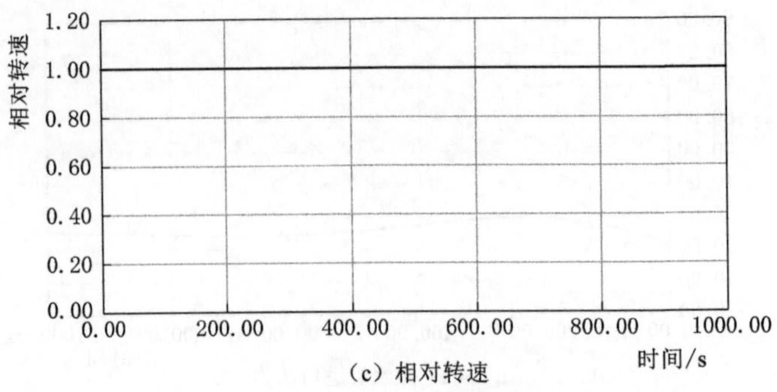

（c）相对转速

图 6.4.12（二） CD4 工况

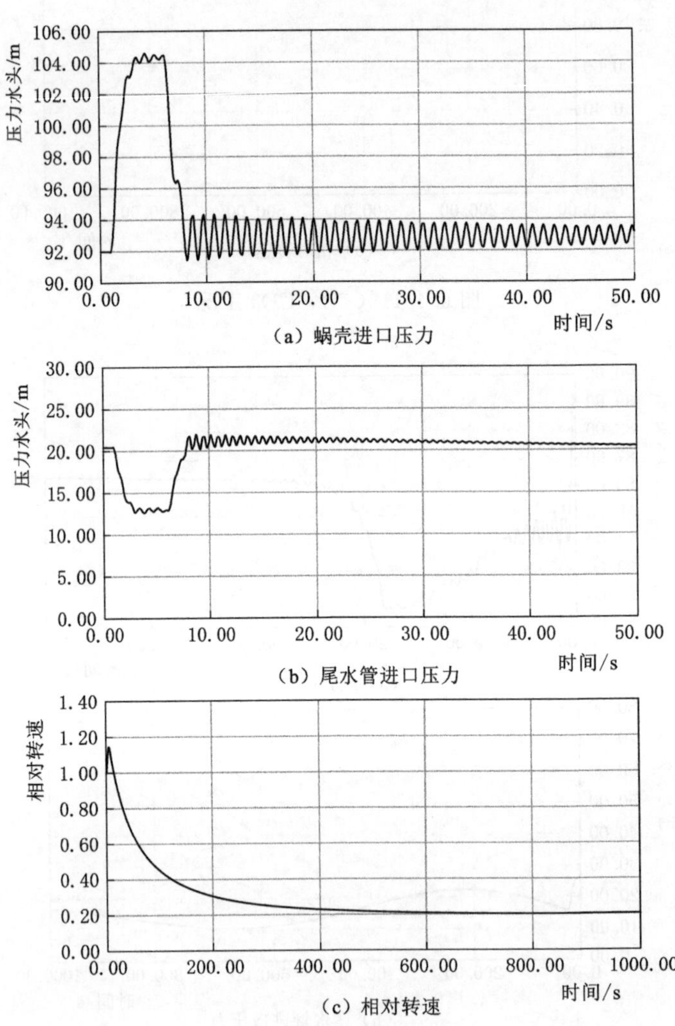

（c）相对转速

图 6.4.13 CD5 工况

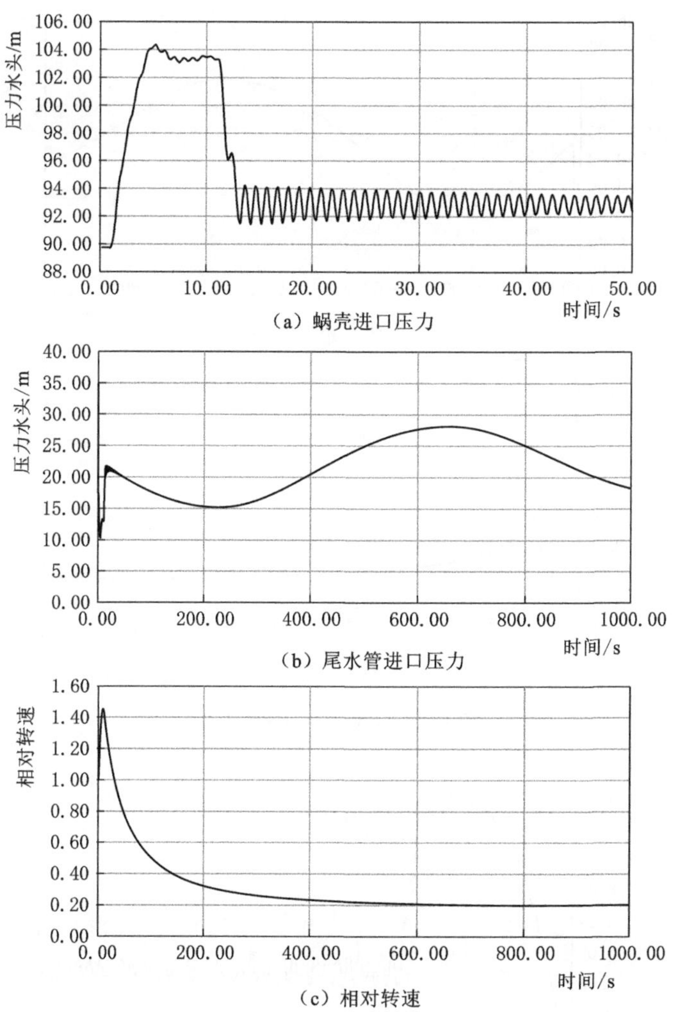

(a) 蜗壳进口压力

(b) 尾水管进口压力

(c) 相对转速

图 6.4.14 CD6 工况

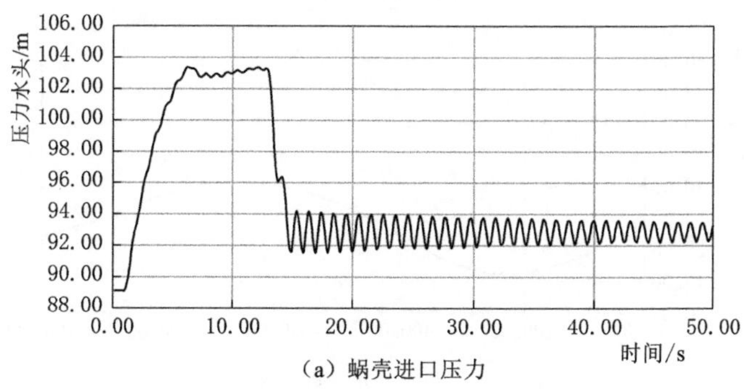

(a) 蜗壳进口压力

图 6.4.15（一） CD7 工况

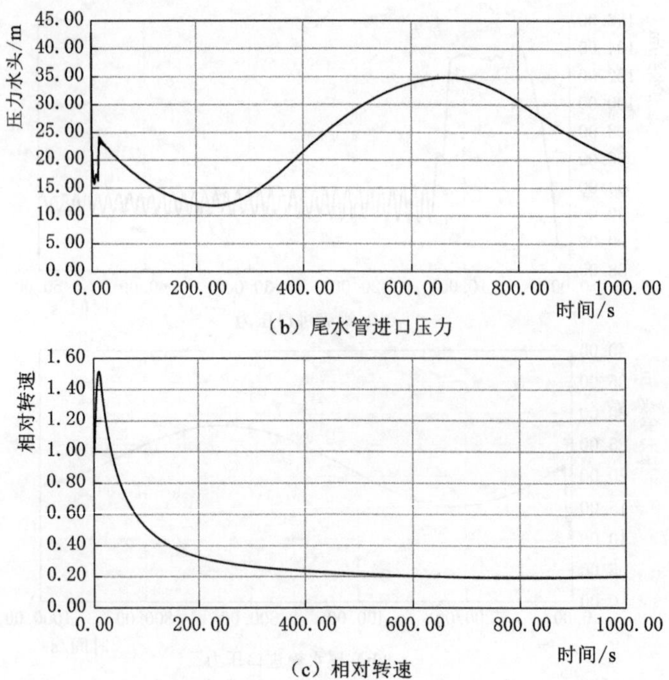

（b）尾水管进口压力

（c）相对转速

图 6.4.15（二） CD7 工况

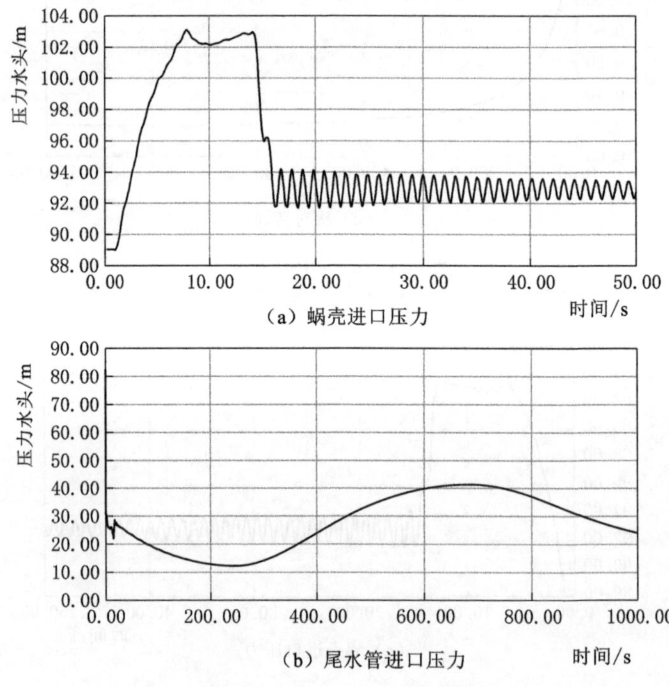

（a）蜗壳进口压力

（b）尾水管进口压力

图 6.4.16（一） CD8 工况

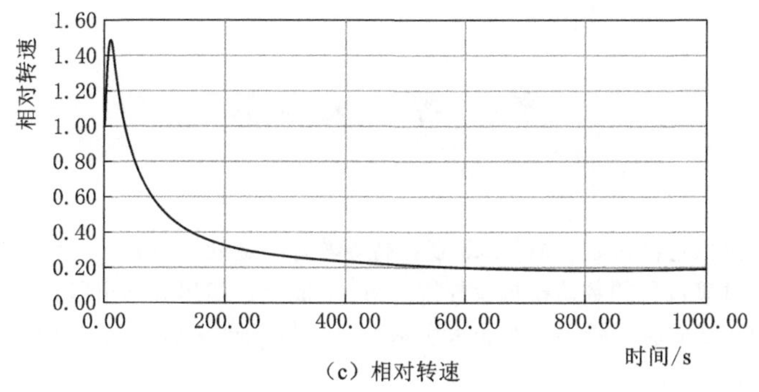

(c) 相对转速

图 6.4.16（二） CD8 工况

以上结果表明，该水电站采用实测导叶关闭规律及现场实测发电水位运行时，在各种甩负荷时，蜗壳末端最大压力、尾水管进口最小压力以及机组最高转速均能满足规范及控制要求。

6.5 小结

根据水电站输水发电系统布置及机组的相关技术参数（含机组厂家提供的模型特性曲线、实测导叶关闭规律等），对水电站输水发电系统调节保证复核计算，计算结果表明：蜗壳进口最大压力、尾水管进口最小压力、机组最大转速均满足规范及控制要求。

参 考 文 献

[1] 常近时．水力机械过渡过程［M］．北京：高等教育出版社，1991.

[2] 陈家远．水力过渡过程的数值模拟及控制［M］．成都：四川大学出版社，2008.

[3] 陈祥荣，张洋，杨安林．锦屏二级长大引水发电系统充排水试验及其实践［J］．水电站设计，2016，32（4）：81-85.

[4] 丁果，鞠小明，陈祥荣，等．复杂结构差动式调压室阻力系数试验研究［J］．四川水力发电，2010，29（5）：151-154.

[5] 凡家异，鞠小明，陈云良，等．调压室阻抗孔修圆三维数值计算［J］．水利水电科技进展，2012，32（5）：20-23.

[6] 洪振国，刘浩林．水电站调压井特征线法水力计算研究［J］．中国农村水利水电，2015，（4）：163-166.

[7] 侯靖，李高会，李新新，等．复杂水力系统过渡过程［M］．北京：中国水利水电出版社，2019.

[8] 靳亚宁．长有压引水系统水电站水力过渡过程研究［D］．西安：西安理工大学，2017.

[9] 鞠小明，陈家远．阻抗差动式调压室的水力计算研究［J］．水力发电学报，1996，15（4）：54-60.

[10] 鞠小明，涂强．水电站引水系统模型试验研究中若干问题的探讨［J］．成都科技大学学报，1996，90（2）：13-17.

[11] 刘甲春，张健，俞晓东．双机共尾水溢流式调压室过渡过程研究［J］．人民长江，2016，47（10）：72-75，95.

[12] 刘启钊．水电站［M］．北京：中国电力出版社，1980.

[13] 刘启钊，彭守拙．水电站调压室［M］．北京：中国水利水电出版社，1995.

[14] 刘亚坤．水力学［M］．北京：中国水利水电出版社，2016.

[15] 乔德里．实用水力过渡过程［R］．陈家远，译．成都：四川省水力发电工程学会，1985.

[16] 清华大学水力学教研组．水力学：下［M］．北京：人民教育出版社，1981.

[17] 王树人．调压室水力计算理论与方法［M］．北京：清华大学出版社，1983.

[18] 王伟，胡晨贺，邓兆鹏，等．长引水隧洞机组运行方式限制因素分析与解决措施［J］．水电与新能源，2018，32（9）：67-70.

[19] 闻邦椿，鄂中凯．机械设计手册：常用设计资料［M］．北京：机械工业出版社，2010.

[20] 吴疆，陈祥荣，潘益斌，等．超长大容量复杂引水发电系统水力过渡过程关键技术研究及应用［J］．水力发电，2015，41（6）：98-101.

[21] 吴疆，张婷．CFD三维流场数值仿真技术在锦屏二级水电站TBM组装洞中的应用［J］．大坝与安全，2020，（2）：38-41.

[22] 吴世勇，王鸽，王坚．锦屏二级水电站上游调压室型式优选研究［J］．四川水力发电，2008（6）：93-96，104.

[23] 吴世勇，周济芳，申满斌．锦屏二级水电站复杂超长引水发电系统水力过渡过程复核计算研究［J］．水力发电学报，2015，34（1）：107-116.

[24] 徐正凡．水力学［M］．北京：高等教育出版社，1986.

[25] 杨开林．电站与泵站中的水力瞬变及调节［M］．北京：中国水利水电出版社，2000.

[26] 张春生．雅砻江锦屏二级水电站引水隧洞关键技术问题研究［J］．中国勘察设计，2007，(8)：41-44.

[27] 张春生，侯靖．水电站调压室设计规范［M］．北京：中国电力出版社，2014.

[28] 张春生，周垂一，刘宁．锦屏二级水电站深埋特大引水隧洞关键技术［J］．隧道建设（中英文)，2017，37（11)：1492-1499.

[29] 郑源，陈德新．水轮机［M］．北京：中国水利水电出版社，2011.

[30] 郑源，张健．水力机组过渡过程［M］．北京：北京大学出版社，2008.

[31] 周辉，高阳，张传庆，等．锦屏二级水电站引水隧洞减压孔布置方案优化［J］．河海大学学报（自然科学版)，2018，46（1)：59-65.

[32] 周小红．水锤现象及防护措施［J］．冶金动力，2016，(7)：46-48，51.

[33] CHAUDHRY M H. Nonlinear mathematical model for analysis of transients caused by a governed francis turbine [J]. INTERNATIONAL CONFERENCE ON PRESSURE SURGES, 1980, 301-314.

[34] CROSS H. Analysis of flow in networks of conduts or conduetors [J]. University of llino Bulletin, 1936, 286 (1): 42-47.

[35] FOX P. The Solution of Hyperbolc Partinl Differential Equations by Difference Methods [J]. Mathematical Methods for Digital Computers, 1960, 180-188.

[36] GRAYC A M. The Analysis of the Dissipation of Energy in Water hammer [J]. Proc. Amer. Soc. Civ Engrs, 1953, 274 (119): 1176-1194.

[37] HOSKIN N E. ABBOTT M B, An Introduction to the Method of Characteristics [J]. Mathematical Gazette, 1968, 52 (380): 207.

[38] JAEGER C. Fluid transients in hydro - electric engineering practice [J]. Blackie, 1977, 4 (86): 793-794.

[39] LAX P D. Weak Solutions of Nonlnear Hyperbolic Equations and Their Numerical Computation [J]. Communications on Pure & Applied Mathematics, 2010, 7 (1): 159-193.

[40] LI X X, BREKKE H. Large amplitude water level oscillations in throttled surge tanks [J]. Journal of Hydraulic Research, 1989, 27 (4): 537-551.

[41] LISTER M. The Numerical Solution of Hyperbolic Partial Differential Equations by the Method of Characteristics [J]. Mathematical Methods for Digital Computers, 1960, 165-179.

[42] MARTIN C S, DEFAZIO F G. Open-channel surge simulation by digital computer [J]. Journal of the Hydraulics Division, 1969, 95: 2049-2070.

[43] AIVAZYAN O M. Hydraulic resistances and capacity of uniform aerated and nonaerated rapid flows in concrete channels [J]. Power Technology & Engineering, 1992, 26: 358-367.

[44] RUPRECHT A, HELMRICH T. Very Large Eddy Simulation for the Prediction of Unsteady Vortex Motion [J]. Modelling Fluid Flow, 2004, 229-246.

[45] WYLIE E B, STREETER V L. Fluid transients [M]. New York: Osborne McGraw-Hill Osborne McGraw-Hill international book company, 1978.

[46] YAMABE M. Hysteresis characteristics of Francis pump turbines when operated as turbine [J]. Journal of Basic Engineering, 1971, 83: 80-85.

[47] YAMABE M. Improvement of hysteresis characteristics of Francis pump turbines when operated as turbine [J]. Journal of Basic Engineering, 1972, 94: 581-585.